SLEEPLESS

하루

쓰보타 사토루 지음

신해인 옮김

잠들지 못하는 현대인을 위한 수면 메커니즘

쓰보타 사토루

1963년 일본 후쿠이현 후쿠이시에서 태어났다. 의사로서 진료를 보다가 수면장애가 다른 질병의 발병이나 경과와 깊이 관련되어 있다는 사실을 깨닫고 고령자를 중심으로 수면장애 치료를 시작했다. 그 후 치료에서 예방으로 초점을 옮겨 '쾌면을 통해 건강하게 생활하자'라는 콘셉트 하에 수면의 질을 높이기 위한 지도와 보급에 힘쓰고 있다. 2006년 평생학습개발재단 인증 코치 자격을 취득하고 수면 코칭을 창시했다. 2007년부터 인터넷 종합 정보 사이트 All About의 수면 가이드로서 수면 정보를 널리 알리고 있다. 일본 의사회 인증 산업 의사로서 수면을 단서로 한 직장 내 정신건강 대책에 관한 강연도 진행하고 있다.

주요 저서로는 『病気にならない睡眠コーチング 병에 걸리지 않는 수면 코칭』〈青春出版社〉, 『快眠★目覚めスッキリの習慣 쾌면★개운하게 일어나는 습관』〈中経出版〉 등이 있다.

• **일러두기**

본 도서는 2011년 일본에서 출간된 쓰보타 사토루의 『不眠症の科学』를 번역해 출간한 도서입니다. 내용 중 일부 한국 상황에 맞지 않는 것은 최대한 바꾸어 옮겼으나, 불가피한 경우 일본의 예시를 그대로 사용했습니다

들어가며

　우리 주위에는 수면에 관한 다양한 이야기가 있습니다. 수많은 정보 중에서 무엇이 옳고 무엇이 잘못되었을까요?

• '일찍 일어나는 새가 벌레를 잡는다'

　예로부터 일찍 자고 일찍 일어나는 사람은 부지런하다며 칭찬하고 아침에 일어나기 힘들어하는 사람은 게을러서 잠이 많은 거라며 쓸모가 없다고 손가락질해왔습니다. 또 최근에는 '미라클 모닝'이 유행하면서 일찍 일어나기를 장려하고 있지요. 물론 아침에는 작업 능률이 오르므로 공부나 일이 잘되는 편입니다. 그러나 일부 사람들에게는 오히려 부정적인 영향을 미쳤다는 연구도 있습니다.

　교토대학교의 연구원이 건강한 성인을 대상으로 조사한 결과 일찍 일어나는 사람은 고혈압이나 뇌졸중을 일으킬 가능성이 큰 것으로 나타났습니다. 이 연구 하나로 일찍 일어나기의 장점을 모두 부정할 수는 없습니다. 다만 무조건 일찍 일어나는 게 좋다고 해서 늦게 잠들면서도 일찍 일어나 수면 시간이 부족해지면 대사증후군이나 생활습관병에 걸리기 쉬워진다는 것은 확실합니다.

• '낮잠을 자면 치매에 걸리기 쉽다'

　치매가 진행되면 낮잠을 자주 자게 되는 것은 사실입니다. 그렇다고 해서 낮잠을 자면 무조건 치매에 걸리기 쉽다고 하기는 어렵습니다. 매일 1시간 이상 낮잠을 자는 사람은 그렇지 않은 사람에 비해 치매에 걸릴 확률이

2배로 증가합니다. 반면에 30분 이내의 낮잠을 습관화한 사람은 오히려 치매에 걸릴 확률이 5분의 1로 줄어듭니다.

나이가 들면 노화로 인해 잠자는 능력인 '수면력'이 떨어집니다. 야간의 수면 시간이 짧아져서 수면의 질이 저하되는 것입니다. 밤의 수면을 보충하기 위해 낮에 짧은 선잠을 자는 것은 인지 기능을 유지하기 위해 좋습니다. 하지만 낮잠을 오래 자면 수면 · 각성 리듬이 깨지기 때문에 뇌의 작용을 오히려 떨어트리게 됩니다.

• '잠을 잘 자는 아이는 잘 자란다'

이 옛말은 진짜입니다. 아이가 자라기 위해서는 성장호르몬이 매우 중요합니다. 성장호르몬은 잠든 지 3시간 정도 후 깊은 잠에 빠졌을 때 뇌하수체에서 대량으로 분비됩니다. 이 성장호르몬 샤워를 통해 아이는 자랍니다. 성장호르몬은 성인이 되면 그 양이 줄어들지만, 낮 동안 손상된 세포의 유지 보수에 꼭 필요한 호르몬입니다.

수면은 뇌 발달에도 영향을 줍니다. 밤을 새우거나 수면이 부족한 아이는 뇌 발달이 늦어집니다. 또 충분히 자지 않으면 마음을 진정시킬 수 있는 뇌 내 물질인 세로토닌이 부족해지거나 제대로 작용하지 않기 때문에 우울증에 걸리거나 공격적으로 변할 수 있습니다.

• '가위눌림은 심령현상이다'

예전에는 가위눌림을 귀신이나 악마, 마녀, 악령에 의한 현상이라고 생각해왔습니다. 수면학 연구가 발전하고 나서는 가위눌림이 과학적으로 설명할 수 있는 '수면 마비' 현상이라는 사실을 알게 되었지요.

수면에는 몸이 쉬는 렘수면과 뇌가 쉬는 논렘수면이 있습니다. 렘수면 중에는 뇌 활동이 활발해서 꿈을 자주 꿉니다. 렘수면 중에 눈을 뜨면 보통

뇌와 신체가 동시에 각성합니다. 그런데 정신적 스트레스가 심하거나 수면의 질이 낮으면 뇌가 깨어 있어도 몸이 잠든 채 움직이지 못하고 가위에 눌리게 됩니다.

• '잠꼬대에 대답해서는 안 된다'

옆에서 자는 사람이 너무 또렷하게 잠꼬대하면 질문을 하거나 맞장구를 치고 싶어집니다. 그러나 잠꼬대에 대답하면 잠든 사람이 깨어나지 않거나 죽는다는 옛말이 있어 망설여지지요. 잠꼬대하는 사람은 꿈을 꾸는 렘수면 중일 때가 많지만 깊은 논렘수면 중에 할 수도 있습니다.

렘수면 중에 하는 잠꼬대는 희로애락의 감정을 동반한 것이 많으며 논렘수면 중에는 최근 일이나 지금의 상황에 관한 내용을 자주 듣게 됩니다. 수면 중에도 '파수꾼'이라고 불리는 정보수집 기능이 작용해서 잠꼬대에 대한 대답을 꿈에 반영하거나 잠꼬대로 답을 할 수도 있습니다. 잠꼬대에 대답한다고 자는 사람의 건강을 해치지는 않지만, 수면에 방해가 될 수도 있으므로 대답은 작은 목소리로 하는 편이 좋겠지요.

이 책에서는 현시점에서 옳다고 생각하는 수면이나 불면에 관한 정보를 독자 여러분께 소개합니다. 이 책을 계기로 신비한 수면의 세계에 관해 관심을 가지거나 불면증 개선에 조금이나마 도움이 되었으면 좋겠습니다.

쓰보타 사토루

목차

제3장 **불면이 일상에 미치는 영향**

제1장

수면의 메커니즘

먼저 제1장에서는 수면 중 인체에서 무슨 일이 일어나는지, 수면은 어떤 역할을 하는지, 그리고 수면에는 어떤 종류가 있는지와 같은 기본적인 내용을 소개하고자 한다. 수면과 친해지기 위해서 우선 수면의 본질에 대해 알아보자.

01 수면의 깊이와 주기

　사람들은 19세기까지만 해도 잠자는 동안에는 뇌가 완전히 활동을 멈춘다고 생각했다. 하지만 1920년대 초 독일의 정신과 의사 한스 베르거가 발명한 뇌파계를 이용해 수면 중인 사람의 뇌를 조사한 결과는 달랐다. 깨어 있을 때만큼 활발하지는 않지만 뇌는 분명히 활동하고 있었다. 더 자세히 살펴보니 각성도가 높고 뇌의 활동이 활발할 때는 뇌파의 주파수가 증가, 즉 속파화(速波化)해서 진폭이 작아졌다. 반면 활동이 저하되면 낮은 주파수의 파도가 증가, 즉 서파화(徐波化)해서 진폭이 커지고 있었다.

　1968년에는 미국 수면 학회가 생체의 전기 활동을 기록해서 수면의 깊이를 판정하는 기준을 마련했다. 이를 '수면 폴리그래프 검사'라고 하며 뇌파 외에 안구의 움직임이나 턱부위 근육인 턱끝근의 근전도를 조사한다.

　깨어 있을 때는 주파수 13~30Hz에 진폭이 작은 뇌파인 베타파가 나온다. 눈을 감고 안정을 취하면 8~12Hz에 진폭이 큰 알파파가 나타난다. 알파파는 휴식의 지표로도 유명하다. 이불을 덮고 눈을 감아도 불안이나 긴장감이 심해서 잠을 못 이루는 사람은 종종 알파파가 끊기고 베타파가 섞여 나온다.

　잠깐 졸아서 반각성 반수면 상태가 되면 세타파가 나오게 된다. 알파파에 비해 진폭이 작아진다. 이때 눈을 잘 관찰하면 천천히 진자처럼 좌우로 움직이는 것을 알 수 있다. '느린 안구 운동(Slow Eye Movement, SEM)'이라고 불리는 움직임이다. 이때 외견상으로는 잠이 든 것처럼 보이지만 막상 깨우면 본인은 '잠을 자지 않았다'라고 말하는 경우도 흔하다.

　얕은 수면 상태가 되면 뇌파의 기선(基線)이 흔들리면서 14Hz 전후의 진폭이 다소 큰 '수면방추파'가 가끔 나타난다. 졸음 상태에서 볼 수 있는 느린 안구의 움직임이 없어지고 호흡도 규칙적으로 된다. 깨어 있을 때 여성은 가슴 호흡, 남성은 복식 호흡이 많은데 얕은 수면이 되면 남녀 모두 대부분 가슴 호흡을 한다. 이 단계가 되면 깨웠을 때 많은 사람이 '잠을 자고 있었다'라고 대답한다. 깊은 수면에서는 주파수 3Hz 이하에 큰 진폭의 델타파가 나타난다. 델타파는 느린 파도이기 때문에 이때의 수면을 '서파수면'이라고도 한다.

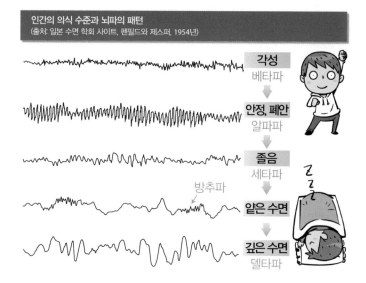

인간의 의식 수준과 뇌파의 패턴
(출처: 일본 수면 학회 사이트, 펜필드와 제스퍼, 1954년)

각성
베타파

안정, 폐안
알파파

졸음
세타파

방추파

얕은 수면

깊은 수면
델타파

　잠의 깊이를 구분할 때 얕은 수면을 수면 단계 1과 2로 나누고 깊은 수면을 수면 단계 3과 4로 나눈다. 잠이 들면 수면 단계 1에서 점차 잠이 깊어져서 수면 단계 4까지 갔다가 다시 서서히 얕아져서 단계 2까지 올라온다. 여기까지의 잠을 '논렘수면'이라고 한다. 단계 2 다음에는 '렘수면'이 시작된다. 논렘수면과 렘수면은 1-2에서 자세히 설명하겠지만 상당히 다른 수면이다.

　수면 단계 1의 시작부터 렘수면이 끝날 때까지를 '수면 주기'라고 한다. 수면 주기는 동물의 종류에 따라 제각각이며 사람은 약 90분이다. 이 수면 주기를 하룻밤에 4~5회 반복하다가 아침을 맞이한다. 수면 주기의 경계선에는 잠이 얕아지므로 잠든 지 90분=1시간 반의 배수인 6시간이나 7시간 반이 지나면 일어나기 쉬워진다.

서파수면이라고 불리는 깊은 잠은 잠들고 나서 2 수면 주기=3시간 사이에 집중적으로 나타난다. 반대로 렘수면은 처음에는 짧지만, 아침이 가까워질수록 시간이 길어져서 이른 아침에는 수면 전체의 20% 이상을 차지하게 된다.

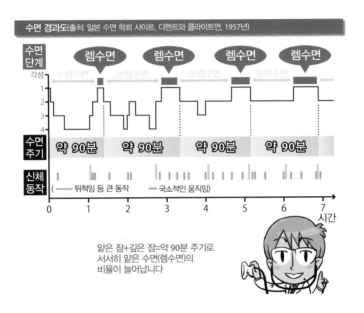

수면 경과도(출처: 일본 수면 학회 사이트, 디멘트와 클라이트먼, 1957년)

얕은 잠+깊은 잠=약 90분 주기로
서서히 얕은 수면(렘수면)의
비율이 늘어납니다

02 논렘수면과 렘수면

　시카고 대학의 대학원생인 유진 아세린스키는 수면학 권위자인 클라이트먼 교수 밑에서 수면 중 눈의 움직임과 수면 깊이의 관계를 연구하고 있었다. 1953년에 그는 그때까지 알려지지 않았던 빠른 눈의 움직임을 동반한 수면을 발견했고 급속 안구 운동(Rapid Eye Movement)의 앞 글자를 따서 렘수면이라고 이름 붙였다.

　렘수면은 생물의 진화 측면에서 보면 오래된 형태의 수면이다. 원래 변온동물이 신체를 쉬게 하는 것을 목적으로 개발한 휴식법이기 때문에 전신 골격근의 긴장이 사라져 자세를 유지할 수 없게 된다. 마치 네발 동물이 옆으로 누워서 잠든 상태와 같다. 렘수면은 피로 해소와 신체 관리에 안성맞춤인 수면법이지만 포유류와 조류의 발달한 뇌를 쉬게 하지는 못한다.

렘수면의 발견

그래서 새로 개발한 수면법이 논렘수면이다. 논렘수면에서는 근육의 긴장은 약간 유지되지만 뇌는 완전히 잠들어 있다. 고양이가 엎드린 상태로 바르게 잠든 상태를 논렘수면이라고 한다. 발달한 대뇌가 효율적으로 쉴 수 있도록 논렘수면에는 얕은 잠부터 깊은 잠까지 4가지 단계가 존재한다. 이러한 점에서 렘수면은 푹 잠든 신체의 잠, 논렘수면은 푹 잠든 뇌의 잠이라고 불린다.

한편 렘수면에는 새로운 가치가 더해졌다. 렘수면 중 신체는 쉬고 있지만 뇌는 활발히 활동한다. 신생아 때는 전체 수면 시간의 절반이 렘수면으로 이때 뇌가 맹렬한 속도로 발달한다. 태어날 때 뇌의 무게가 어른에 비해 적게 나가고 뇌가 미숙한 상태로 태어난 동물일수록 렘수면이 길다고 알려져 있다.

성인이 되면 렘수면 중에 기억의 정리나 고정, 기억을 끌어내기 위한 색인 만들기가 이루어진다. 깨어 있을 때 외부로부터 받거나 스스로 생각한 방대한 정보 중에서 필요한 것만 남기고 불필요한 것을 버려서 소중한 정보를 언제든지 바로 꺼낼 수 있도록 정리해 저장하는 것이다.

또 렘수면 중에는 꿈을 꾼다. 꿈은 논렘수면일 때도 꾸는 경우가 있지만, 그런 경우는 흔하지 않다. 렘수면 시에는 80% 이상의 확률로 꿈을 꾸고 있으며 그 꿈은 감정의 변화를 동반하는 이야기성 내용이 많고 때로는 기묘한 내용이다. 꿈을 꾸는 이유는 아직 명확하게 알려지지 않았다. 다만 현실세계에서 마주하는 현상의 시뮬레이션이라는 가설이 유력하다.

수면 중 뇌의 활동성 측면에서 보면 렘수면은 '대뇌를 활성화하는 잠', 논렘수면은 '대뇌를 진정시키는 잠'이라고도 할 수 있다.

고양이의 자세 변화(출처: 堀 忠雄(編著), 『睡眠心理学』, 北大路書房, 1967.)

몸은 깨어 있다

뇌는 깨어 있다

각성 　　　　논렘 수면 　　　　렘 수면

두 종류 수면의 상호보완 관계(출처: 일본 수면 학회 사이트 「수면 과학의 기초」)

	논렘수면 대뇌가 진정화	렘수면 대뇌가 활성화
뇌의 온도	↘	↗
뇌의 혈류	↘	↗
포도당 대사량	↘	↗
뇌 신경세포 (피질 뉴런)의 활동	↘	↗
의식 수준	↘	↗

뇌를 진정시키는 잠인 논렘수면 중에도 뇌 일부는 '다른 뇌를 잠들게 하는' 일을 한다. 잠들게 하는 뇌인 수면 중추는 진화 과정에서 오래전부터 있던 뇌로 시상하부나 교(橋), 연수 등을 이른다. 한편 잠드는 뇌는 새롭게 발달한 대뇌를 말한다.

수면 중추는 1-2에서 설명한 렘수면과 논렘수면이라는 두 가지 잠을 하루 주기 리듬과 항상성에 따라 조절한다. 이 두 가지 법칙은 뒤에서 자세히 설명할 것이다. 잠자는 뇌인 수면 중추와 깨우는 뇌인 각성 중추 사이의 연락은 두 가지 방법으로 이루어진다. 신경 간 직접적인 연결과 뇌척수액을 통한 수면 물질의 연락이다.

수면 중추와 각성 중추가 존재하는 곳은 1920년대 오스트리아의 신경학자 에코노모 박사에 의해 밝혀졌다. 그는 당시 빈에서 유행하던 기면성뇌염 환자의 뇌를 해부한 결과 불면증 환자는 시상하부의 앞부분이, 과다수면인 사람은 뒷부분이 망가져 있다는 사실을 알아냈다. 그래서 시상하부에 수면 중추와 각성 중추가 있다는 '수면의 신경학설'이 생겨났다.

깨어 있을 때는 시상하부 후방의 각성 중추에서 대뇌 피질을 향해 활발하게 전기 신호가 나가기 때문에 깨어 있을 수 있다. 이에 비해 잠을 잘 때는 시상하부 전방에 있는 수면 중추, 정확히는 논렘수면의 중추가 각성 중추의 활동을 억제해 각성 중추로부터 대뇌 피질로의 신호가 줄어듦으로써 잠에 빠지게 된다.

렘수면의 중추는 오래된 뇌 중에서도 더 오래된 중뇌와 교, 연수에 있다. 청반핵 알파라는 부분은 렘수면 중에 근육을 움직이지 않도록 하는 곳이다. 이 부분을 수술로 망가뜨린 고양이는 재미있는 행동을 한다. 렘수면 중임에도 불구하고 근육이 움직이기 때문에 돌아다니거나 덤벼들고 온몸에 털을 세우거나 털을 다듬는다. 이 실험을 통해 고양이도 꿈을 꾼다는 사실을 알게 되었다.

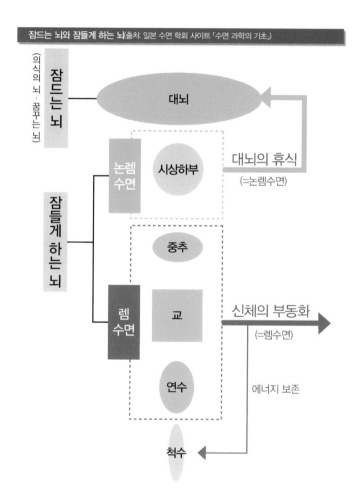

잠드는 뇌와 잠들게 하는 뇌(출처: 일본 수면 학회 사이트 「수면 과학의 기초」)

잠드는 뇌
(의식의 뇌 · 꿈꾸는 뇌)

대뇌

잠들게 하는 뇌

논렘수면

시상하부

대뇌의 휴식
(=논렘수면)

렘수면

중추

교

연수

신체의 부동화
(=렘수면)

에너지 보존

척수

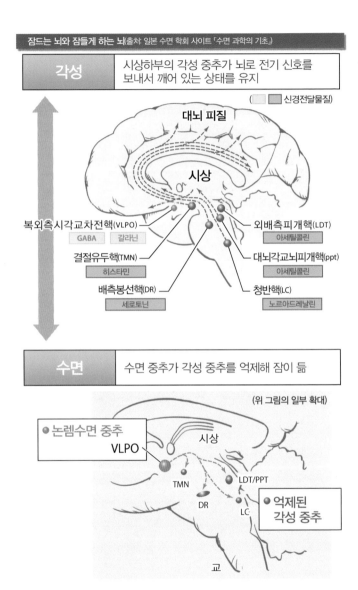

각성

시상하부의 각성 중추가 뇌로 전기 신호를 보내서 깨어 있는 상태를 유지

(▢ ▨ 신경전달물질)

대뇌 피질

시상

복외측시각교차전핵(VLPO)
GABA 갈라닌

결절유두핵(TMN)
히스타민

배측봉선핵(DR)
세로토닌

외배측피개핵(LDT)
아세틸콜린

대뇌각교뇌피개핵(ppt)
아세틸콜린

청반핵(LC)
노르아드레날린

수면

수면 중추가 각성 중추를 억제해 잠이 듦

(위 그림의 일부 확대)

● 논렘수면 중추
VLPO

시상

TMN

DR

LDT/PPT

LC

● 억제된 각성 중추

교

04 졸음의 메커니즘-Two Process Model

졸음을 결정하는 양대 요인은 수면 물질과 체내 시계이다.

깨어 있는 시간에 비례해 뇌에 수면 물질이 쌓이면서 점점 졸음이 몰려온다. 현재 수면 물질로는 프로스타글란딘 D$_2$와 아데노신, 신경 펩타이드 등이 알려져 있다.

수면 물질이 너무 많아지면 뇌가 망가지기 때문에 수면 물질의 생산을 멈추고 분해하기 위해 뇌의 기능을 멈추고 잠을 자야 한다. 이러한 메커니즘을 '항상성'이라고 하며 신체를 일정한 상태로 유지하는 기능을 말한다. 밤을 새운 다음 날 밤에 깊고 오래 자는 것은 주로 이 메커니즘에 의한 것이다.

어두운 실험실에서 생활하고 있어도 인간은 규칙적으로 잠을 자거나 깨어난다. 이는 인간이 신체에 내장된 체내 시계의 리듬에 따라 살고 있기 때문이다. 체내 시계의 주기에 따라서 밤에 졸리고 아침에는 저절로 깨어나는 리듬을 '하루 주기 리듬'이라고 한다. 여기서 하루 주기는 '약 1일'을 의미한다.

항상성과 하루 주기 리듬을 잘 조합해서 졸음을 설명한 것이 스위스의 수면 학자 알렉산더 보르벨리의 'Two Process Model'(다음 페이지 위 그림)이다. Process S는 뇌 내 수면 물질의 양을 나타낸다. 수면 물질은 각성 중에 증가하고 수면 중에 줄어들기 때문에 Process S의 선도 깨어 있을 때는 가파르게 상승한다(① → ②). Process C는 하루 주기 리듬을 나타내며 위의 수면 역치와 아래의 각성 역치로 구성된다. Process S의 선이 수면 역치를 넘어서면 잠이 든다(②). 수면 중에는 수면 물질이 분해되어 양이 줄어들기 때문에 Process S는 가파르게 떨어진다(② → ③). 수면 물질이 충분히 적어지고 Process S의 선이 각성 역치에 도달하면 잠이 깬다(③).

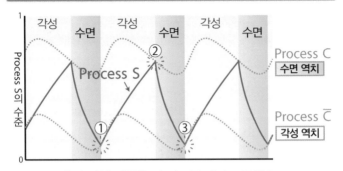

하루 주기 리듬과 모래시계형 메커니즘

각성 수면 각성 수면 각성 수면

Process S의 수준

Process S

Process C
수면 역치

Process C̄
각성 역치

수면 각성 리듬을 만드는 두 가지 프로세스

Process S는 수면 물질의 양

물질이 쌓이면
졸음이 몰려와서⋯⋯

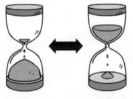

잠을 자면
분해 됨

Process C는 하루 주기 리듬

체내 시계에 따른
졸음이어서⋯⋯

쌓이거나
줄지 않음

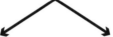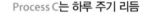

이 모델을 사용하면 밤을 새운 다음 날 아침에는 졸음이 적은 현상을 설명할 수 있다. 밤을 새우는 동안 수면 물질이 자꾸 뇌에 쌓이는데 아침이 되면 체내 시계에 의한 수면 각성 리듬으로 수면 역치가 올라가기 때문에 Process S의 선과 Process C의 선이 만나지 않아서 깨어 있을 수 있는 것이다.

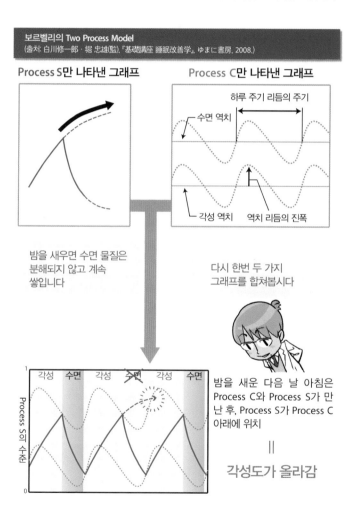

보르벨리의 Two Process Model
(출처: 白川修一郎·堀 忠雄(監), 『基礎講座 睡眠改善学』, ゆまに書房, 2008.)

Process S만 나타낸 그래프

Process C만 나타낸 그래프

하루 주기 리듬의 주기

수면 역치

각성 역치   역치 리듬의 진폭

밤을 새우면 수면 물질은
분해되지 않고 계속
쌓입니다

다시 한번 두 가지
그래프를 합쳐봅시다

각성 수면 각성 수면 각성 수면

Process S의 수준

밤을 새운 다음 날 아침은
Process C와 Process S가 만
난 후, Process S가 Process C
아래에 위치

‖

각성도가 올라감

05 루틴에 따른 수면 – 하루 주기 리듬

'인간 체내 시계의 하루는 몇 시간인가'라는 의문을 풀기 위해 1960년대 독일의 막스 플랑크 연구소에서 실험이 진행됐다. 실험 참가자들이 외부로부터 빛이 전혀 들어오지 않는 지하실에서 자유롭게 생활하게 했다. 그 결과 평균 약 25시간 주기로 체내 시계가 돌아간다는 사실을 알 수 있었다. 그후 스탠퍼드 대학의 척 자이슬러가 다른 조건으로 진행한 실험에서는 좀 더 짧은 24시간 10분이라는 결과가 나왔다. 어쨌든 인간 체내 시계의 하루는 지구의 하루 주기인 24시간보다 조금 긴 모양이다.

인간의 메인 체내 시계는 뇌 시상하부 안쪽에 있는 '시교차 상핵'이라는 곳에 있다. 여기서 나온 시간 정보가 전신 세포에 있는 말초 시계를 제어하게 된다. 눈으로 들어온 빛은 망막에서 시신경을 통해 시교차 상핵에 직접 도달한다. 아침에 눈을 뜬 후 처음 본 강한 빛에 의해 체내 시계가 지구의 시간에 맞춰 리셋되는 것이다. 만약 평일의 수면 부족을 만회하기 위해 주말에 늦은 시각까지 자버리면 이 메커니즘이 작동하지 않는다. 그리고 주말 동안 체내 시계가 늦어진 그대로 생활하게 되므로 월요일 아침이 더욱 힘들어진다.

생체 리듬에는 약 1일 주기의 하루 주기 리듬 외에 반일 주기 리듬이나 90분~2시간 리듬 등이 있다. 수면과 각성에 관한 리듬을 살펴보자면 밤에 자고 낮에는 깨어 있는 것이 하루 주기 리듬이며 오전 3~4시와 오후 2~4시에 졸음의 절정에 이르는 것이 반일 주기 리듬이다. 점심 식사 후 졸리는 것은 배가 불러서가 아니라 이러한 생체 리듬에 의한 것이다. 또 논렘수면과 렘수면을 합친 수면 주기는 90분 리듬으로 반복된다. 낮의 졸음은 약 2시간 정도 주기로 강해지므로 졸음의 절정을 잘 버텨내면 그 후 한동안은 개운하게 지낼 수 있다.

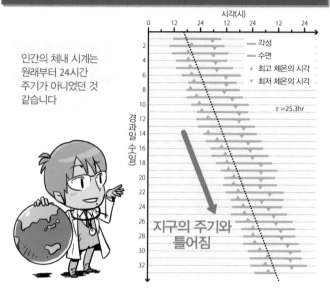

시간을 알 수 없고 항상성을 유지한 환경에서 관찰한 수면 각성 리듬
(출처: 堀 忠雄(編著), 『睡眠心理学』, 北大路書房, 1979.)

인간의 체내 시계는
원래부터 24시간
주기가 아니었던 것
같습니다

시각(시)

― 각성
― 수면
▲ 최고 체온의 시각
▼ 최저 체온의 시각

$\tau = 25.3hr$

경과일수(일)

지구의 주기와
틀어짐

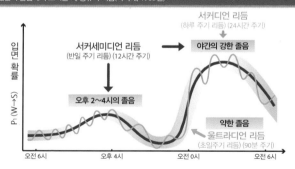

인간의 졸음에서 보이는 세 종류의 리듬(라비에, 1985년)

서커디언 리듬
(하루 주기 리듬) (24시간 주기)

서커세미디언 리듬
(반일 주기 리듬) (12시간 주기)

야간의 강한 졸음

입면확률

P_1 (W→S)

오후 2~4시의 졸음

약한 졸음
울트라디언 리듬
(초일주기 리듬) (90분 주기)

오전 6시   오후 4시   오전 0시   오전 6시

06

수면 물질에 의한 수면 – 항상성

수면에 있어서 '항상성'(호메오스타시스, 자동 정상화 장치)은 '잠을 자지 않고 있던 시간의 길이에 따라 그 후의 수면의 질과 양이 결정된다'라는 법칙이다. 여기서 수면 물질이 중요한 역할을 한다.

신체와 뇌 속에 있는 물질로 수면을 일으키거나 유지하는 작용을 하는 것을 '수면 물질'이라고 하며 지금까지 수십 가지가 발견되었다. 이들은 원래 몸 안에 자연스럽게 있는 존재로 수면제나 알코올과는 다르다. 이 수면 물질을 처음 발견한 것은 1909년 일본 아이치 의과대학(현 나고야대학교 의학부)의 이시모리 구니오미 박사였다. 잠을 자지 않게 해 둔 개의 뇌척수액 속에 수면 물질이 있다는 점을 밝혀내고 『도쿄 의학 잡지』에 논문을 발표했다.

1982년에는 교토대학교의 하야이시 오사무 교수가 프로스타글란딘 D_2(PGD$_2$)가 가장 강력한 수면 유발 효과가 있는 물질이라는 사실을 발견했다. PGD$_2$는 뇌를 감싸는 거미막 전체에서 만들어지며 시교차~시상하부 뒷부분에 있는 PGD$_2$ 수용체와 반응하면 아데노신이 방출된다. 이 아데노신이 논렘수면 중추의 아데노신 수용체와 반응하면서 논렘수면이 일어난다. 수면 물질은 깨어 있는 시간의 길이에 비례해서 뇌 내의 양이 늘어나기 때문에 논렘수면은 '수면 물질이 뇌에 쌓여서 졸리니까 잠드는 수면'이라고 할 수 있다.

커피나 차가 졸음을 깨우는 메커니즘은 수면 물질과 관련이 있다. 커피나 차에 들어 있는 카페인은 아데노신이 아데노신 수용체에 달라붙는 것을 방해한다. 그래서 뇌에 수면 물질이 쌓여도 수면 중추가 작용하지 않아 졸음을 느끼기 어렵게 되는 것이다.

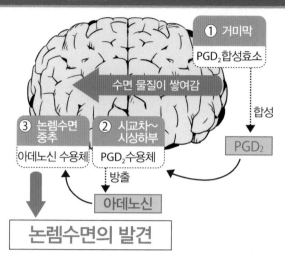

논렘수면을 발생시키는 메커니즘
(출처: 井上昌次郎, 『睡眠の不思議』, 講談社, 1988.)

① 거미막
PGD₂합성효소

수면 물질이 쌓여감

③ 논렘수면 중추
아데노신 수용체

② 시교차~ 시상하부
PGD₂수용체

합성

PGD₂

방출

아데노신

논렘수면의 발견

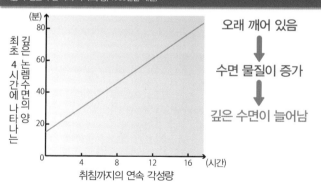

선행하는 각성량과 후행하는 깊은 논렘수면의 양의 관계
(출처: 일본 수면 학회 사이트, 홍, 1988년을 개편)

최초 4시간에 나타나는

깊은 논렘수면의 양

(분)
80
60
40
20
0

4   8   12   16   (시간)

취침까지의 연속 각성량

오래 깨어 있음

수면 물질이 증가

깊은 수면이 늘어남

07 수면 중에 일어나는 체내 변화

하루 주기 리듬으로 제어되는 대표적인 생체반응은 체온으로 하루에 0.5~1℃ 정도 오르내린다. 체온은 오전 4~5시경에 가장 낮고 눈을 뜨기 조금 전부터 상승하기 시작해서 오후 7~8시쯤 최고 온도를 찍은 후에 다시 내려간다. 졸음은 체온이 떨어질 때 강해지므로 저녁~밤에 가벼운 운동이나 목욕으로 체온을 조금 올려두면 1~2시간 후 체온이 떨어져 잠들기 쉬워진다.

뇌나 내장 등 몸속 깊은 곳의 체온을 '심부 체온'이라고 하는데 잠든 이후에도 심부 체온은 계속 내려간다. 깨어 있을 때 혹사해서 과열된 뇌를 진정시키는 것이 수면의 목적 중 하나이기 때문이다. 심부 체온을 낮추기 위해서는 내장이나 뇌에 쌓인 열을 밖으로 내보내야 한다. 그래서 손발의 혈관을 넓혀서 혈액이 잘 흐르게 하고 심부의 열을 혈액에 실어 손발로 운반해 발산시키고 있다. 마치 수랭식 엔진이나 컴퓨터와 같은 구조이다. 아기나 어린이가 졸릴 때 손발이 뜨거워지는 것은 이 때문이며 피부 온도는 1.5℃ 정도 높아진다.

성장호르몬이라고 하면 '어린이 호르몬'이라고 생각할 수 있지만 실은 어른이 되어서도 중요한 호르몬이다. 성장호르몬은 성장 이외에도 단백질 합성을 촉진하는 기능이 있어서 세포의 생성 및 복구, 피로 해소에 도움을 준다. 성장호르몬은 하루 동안 1~3시간마다 스파이크가 튀듯이 분비량이 증가하는데 특히 수면 중에 급증한다. 잠든 후 첫 깊은 수면 때 최대 분비량을 보이며 이 성장호르몬 샤워를 통해 아이가 성장한다. 그러니 '잠을 잘 자는 아이는 잘 자란다'라는 옛말은 사실인 셈이다. 반면 수면이 불규칙해지면 수면 중 성장호르몬이 늘지 않아서 성장이나 피로 해소가 늦어지게 된다.

잠을 자면 혈압이나 맥박, 호흡도 변화한다. 논렘수면 중에는 대체로 안정되어 있지만 렘수면이 되면 '자율신경 폭풍'이 몰아친다. 이때 혈압이 갑자기 10mmHg 정도 오르내리고 맥박은 논렘수면과 비교해서 10% 정도 급상승한다. 렘수면에서는 호흡도 불규칙해지고 호흡수가 논렘수면기보다 10~20% 늘어난다. 몇 초 동안 호흡이 멈출 때도 있다. '자율신경 폭풍'은 심장에 큰 부담이 되기 때문에 협심증 발작의 80%가 이른 아침의 렘수면기에 일어난다.

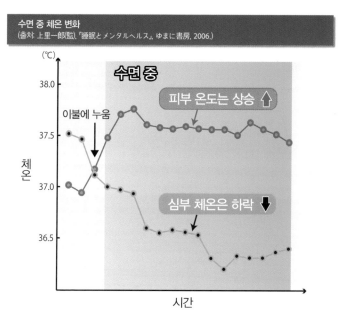

수면 중 체온 변화
(출처: 上里一郎(監), 『睡眠とメンタルヘルス』, ゆまに書房, 2006.)

수면 중

피부 온도는 상승 ⬆

이불에 누움

심부 체온은 하락 ⬇

체온

시간

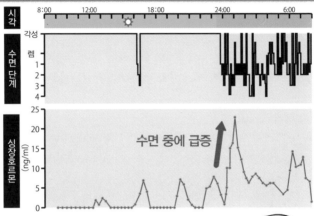

성장호르몬의 혈장 농도의 변화
(출처: 堀 忠雄(編著), 『睡眠心理学』, 北大路書房, 1978.)

성장호르몬의 분비는 성인에게도
중요해서 그와 관계가 깊은 수면에 대해
잘 알아둬야 합니다

렘수면과 논렘수면의 차이

렘수면과 논렘수면의 차이에 따른
체내에서의 변화는 대칭적으로
이루어집니다

	논렘수면	자율신경의 태풍 렘수면
혈압	안정	약 10mmHg 변동
맥박	안정	10%증가
호흡수	안정	10~20%증가

08 수면의 발달

갓 태어난 신생아는 온종일 잠을 자고 깨어나기를 반복한다. 이 시기에 아기의 체내 시계는 미숙해서 외부의 명암 리듬과 상관없이 하루가 진행된다. 그러다가 명암의 리듬이나 주위 사람과의 접촉으로 인해 체내 시계가 발달해서 생후 4개월 무렵부터는 외부의 리듬과 수면·각성의 패턴이 맞춰진다.

성장하면서 하루의 총 수면 시간도 점점 짧아진다. 신생아는 매일 16시간씩 잠을 자지만 1세가 되면 13시간, 2~3세는 12시간, 3~5세는 11시간으로 줄어든다. 학교에 다니게 되면 시간표나 학원, 친구 관계 등으로 인해 수면 시간이 더 줄어들게 된다. 자녀의 건전한 성장을 위한 바람직한 수면 시간은 초등학교 저학년의 경우 10시간, 초등학교 고학년~중학생은 9시간, 고등학생은 8시간이라고 한다.

어른이 되면 취침 시각이 늦어지면서 총 수면 시간이 짧아진다. 2005년 국민 생활시간조사에 따르면 20~50대의 평일 평균 수면 시간은 남성이 7시간 4분~7시간 17분, 여성이 6시간 43분~7시간 23분이었다. 나이가 들면 젊은 성인에 비해 취침 시각과 기상 시각 모두 2시간 정도 빨라지고 낮잠이 부활한다.

수면의 종류 또한 나이에 따라 변화한다. 성인의 수면은 뇌파 상태에서 렘수면과 논렘수면으로 나뉘는데 아기는 아직 뇌파가 뚜렷하지 않아서 렘수면이나 논렘수면 대신 '동수면(動睡眠)'과 '정수면(靜睡眠)'으로 구분한다.

동수면일 때는 얼굴이나 손발의 근육이 실룩거리거나 호흡이 불규칙해진다. 말 그대로 움직임을 볼 수 있는 수면 상태이다. 동수면 중 신체는 휴식을 취하고 있지만 뇌는 활발하게 작용해 신경 네트워크가 발달한다. 신생아 시절부터 유아기까지 총 수면 시간의 절반을 차지하는 동수면은 2세 무렵이 되면 어른과 같은 렘수면으로 바뀌고 시간도 짧아진다.

정수면 시에는 몸이나 안구는 움직이지 않으며 호흡과 맥박도 느리고 규칙적이다. 뇌가 쉬면서 푹 잠든 상태이다. 정수면은 자라면서 점차 논렘수면으로 바뀐다.

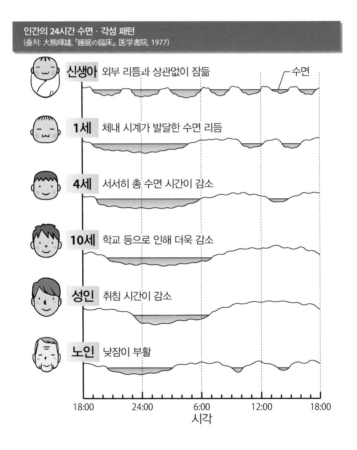

인간의 24시간 수면 · 각성 패턴
(출처: 大熊輝雄, 『睡眠の臨床』, 医学書院, 1977)

신생아 — 외부 리듬과 상관없이 잠듦 — 수면

1세 — 체내 시계가 발달한 수면 리듬

4세 — 서서히 총 수면 시간이 감소

10세 — 학교 등으로 인해 더욱 감소

성인 — 취침 시간이 감소

노인 — 낮잠이 부활

18:00   24:00   6:00   12:00   18:00
시각

유아기에는 논렘수면 중에서도 깊은 수면이 증가해서 숙면량이 일생 중 가장 많아진다. 깊은 논렘수면 중에 나오는 성장호르몬의 양도 최대가 되어 신체가 급속히 성장하게 된다. 사춘기가 되면 수면 중에 생식샘 자극 호르몬도 분비되기 시작해서 성적으로 성숙해진다.

나이가 들면 '잠을 재우는 뇌'도 노화되어 수면력이 약해지기 때문에 수면의 질이 떨어진다. 깊은 잠이 줄어서 한밤중에 눈이 떠지기 쉽고 다시 잠들기도 어렵다. 잠들고 나서 이른 시간에 렘수면이 나타나고 수면 후반부에는 렘수면의 시간이 짧아지기 때문에 꿈을 꾼 것 같은 느낌도 들지 않게 된다.

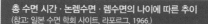

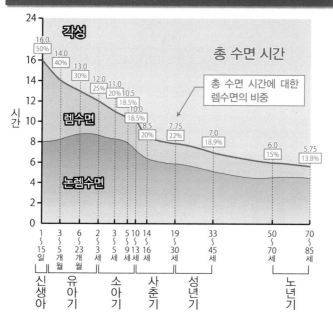

총 수면 시간·논렘수면·렘수면의 나이에 따른 추이
(참고: 일본 수면 학회 사이트, 라포르그, 1966.)

제2장

불면의 원인

제2장에서는 불면이 어떤 상태를 의미하는
지 그 정의와, 다양한 요소로 인해 발생하는
불면증의 원인에 대해서 자세히 해설한다.
불면증의 원인이 명확해지면 그 원인에 맞는
대처법을 알고 효율적으로 증상을 개선할 수
있다.

일본에서 성인을 대상으로 한 '수면장애에 관한 역학조사'에서는 불면증을 호소하는 사람이 21.4%, 낮에 졸음으로 고민하는 사람이 14.9%나 존재했다. 또 6.3%의 사람들이 자기 전에 술을 마시거나 수면제를 복용하고 있었다. 이렇게 많은 사람이 수면에 관한 문제로 고민하는 상황이다 보니 수면장애를 일으키는 질환에 관한 연구가 계속되었다.

현재 수면장애의 표준 분류 기준으로 사용되고 있는 것은 2005년 미국 수면장애 연합과 유럽, 일본, 라틴아메리카의 수면 학회가 공동으로 발표한 '수면장애의 국제 분류 제2판'[1]이다. 여기에는 85개의 수면장애가 8개 항목으로 나뉘어 실려 있다. '불면증'이나 '과다수면증' 외에 '하루 주기 리듬 수면장애'(=수면·각성 주기 장애)나 '사건 수면'(=수면 수반증, 수면 이상증), '수면 관련 호흡 장애', '수면 관련 운동 장애', '단일 증상, 정상 증상의 변형 혹은 해결되지 않은 문제', '기타 수면장애'라는 카테고리가 있다.

수면·각성 주기 장애는 야근이나 불규칙 근무 등으로 야간에 충분한 수면을 취하지 못하거나 수면 시간대가 변칙적이어서 체내 시계가 고장 난 결과 일어나는 장애를 의미한다. 사건 수면에는 가위눌림이나 악몽, 머릿속에서 폭발음이 들리는 질병 등이 포함된다.

'수면 관련 호흡 장애'는 수면 중에 호흡이 멈춰 버리는 질병군으로 수면 무호흡증이 유명하다. 쥐가 난다거나 최근 알려지기 시작한 하지 불안 증후군은 수면 관련 운동 장애로 분류된다. '단일 증상, 정상 증상의 변형 혹은 해결되지 않은 문제'는 질환이라고까지 할 수 없는 현상으로 장시간 수면자나 단시간 수면자, 코골이, 잠꼬대, 수면 시 끌어당기기 등을 포함한다. 이 책에서는 불면을 일으키는 수면장애로 오른쪽 표에 있는 24가지 질병에 대해서 해설한다.

---

[1] 2023년 현재 '국제 수면장애 분류 제3판'까지 나와 있다.

불면증

- 적응 불면증
- 정신생리성 불면증
- 역설적 불면증
- 기분 장애 · 감정 장애
- 불안 장애
- 외상 후 스트레스 장애
- 부적절한 수면위생
- 약제나 물질로 인한 불면증
- 내과 질환으로 인한 불면증

 수면 관련 호흡 장애

- 폐쇄성 수면 무호흡증후군 (성인)(소아)
- 중추성 수면 무호흡증후군

 중추성 과다수면증

- 기면증
- 행동으로 유발된 수면 부족 증후군

 하루 주기 리듬 수면장애

- 수면 위상 지연 증후군
- 수면 위상 전진 증후군

 사건 수면

- 반복성 단발 수면 마비
- 악몽 장애
- 폭발성 머리 증후군
- 시차형
- 교대 근무형

 수면 관련 운동장애

- 하지 불안 증후군
- 주기성 사지 운동 장애
- 수면 관련 다리 경련

다음 페이지부터 위의 증상을 하나씩 살펴봅 시다!

적응 불면증

  잠을 못 자는 기간이 1주일 이내인 불면을 일과성 불면이라고 부른다. 이 정도로는 아직 질환이라고 단언할 수 없고 수면 환경을 조정하거나 불면의 원인인 스트레스에 잘 대처하면 다시 잠을 잘 잘 수 있게 된다. 그래도 도저히 잠이 안 올 때는 약국에서 살 수 있는 '수면 개선제'를 복용하는 것도 방법이다.

불면증의 전반적인 진단기준(출처: 『수면장애의 국제 분류 제2판』을 일부 개편)

☐ 수면의 질이나 유지에 불편함이 있음

☐ 적절한 수면 환경임에도 불편함이 있음

☐ 낮에 아래와 같은 기능 장애가 한 가지 이상 발생
  ☐ 권태감 또는 부정 수소[2]
  ☐ 집중력, 주의력, 기억력 장애
  ☐ 사회적 기능의 저하
  ☐ 기분 장애 또는 초조함
  ☐ 낮의 졸음
  ☐ 동기, 의욕 장애
  ☐ 업무 중 운전 실수 및 사고 위험
  ☐ 수면 부족으로 인한 긴장, 두통, 소화기 증상
  ☐ 사회적 기능의 저하

  1~3주 이상 불면이 계속되면 이를 급성 불면증이라고 부른다. 불면뿐만 아니라 아래의 표와 같은 증상이 낮에 나타난다. 나아가 불면증이 3주 넘게

---

2 원인이 확실치 않은 병적 증상

지속되면 만성 불면증이 된다.

불면증은 밤에 잠을 못 자는 것보다 본래 활동적이어야 하는 낮 시간대에 정신이나 신체에 장애가 생기는 것이 문제다. 또 작업 능률이나 집중력, 판단력 저하로 인해 사고나 재해를 일으킬 수 있고 그 결과 타인에게까지 피해를 줄 수 있다.

스트레스로 인해 일어나는 수면장애를 적응 불면증이라고 한다. 환경에 잘 적응하지 못해서 잠을 잘 수 없게 되었다는 의미다. 통상적인 진료에서는 이 질환뿐만 아니라 모든 수면장애의 가장 큰 원인이 스트레스다. 현대사회에는 스트레스가 넘쳐나기 때문이다. 회사나 학교, 지역사회, 친구 및 가족관계 등 어디에나 스트레스의 근원은 존재한다.

스트레스로 인한 신체 증상에는 불면 외에도 고혈압이나 심장병, 두통, 근육통, 위장질환, 면역 기능 장애 등이 있다. 또 스트레스에 대한 정신적인 반응으로 불안과 분노, 공격성, 우울, 번아웃 등이 있다. 적응 불면증에는 이러한 증상들이 자주 겹쳐서 나타난다.

적응 불면증의 진단 기준(출처: 『수면장애의 국제 분류 제2판』을 일부 개편)

- ☐ 증상이 앞의 불면증 기준을 충족함
- ☐ 수면장애의 원인인 스트레스가 있는 상태
- ☐ 스트레스의 원인이 없어지거나 환자가 스트레스 대처를 잘하면 수면장애가 사라질 것으로 기대
- ☐ 수면장애의 지속 기간은 3개월 미만

03 정신생리성 불면증

불면증을 일으키는 질환 중에서 가장 흔한 것이 바로 정신생리성 불면증이다.

정신적 스트레스가 많아지면 일시적으로 불면증이 생기는 일은 많은 사람이 겪는 현상이다. 그래서 보통 원인이 없어지면 불면이 해소되지만, 수면에 대한 집착이 필요 이상으로 강한 사람은 불면 자체를 크게 의식하고 계속 고민한다. 그리고 잠이 오지 않는 것에 대한 불안이나 두려움이 싹터서 침대에 누워서는 '잠을 자야 해!'라며 정신적으로 긴장하게 된다. 불면에 대한 공포감이 새로운 스트레스가 되어 불면을 만성화하는 것이다. 또 수면장애에 대해 잘 모르는 의사에게 상담했다가 '과도하게 신경 써서 그렇다'라는 말을 듣고 가볍게 여기다가 더욱 악화되는 일도 있다.

발병의 계기는 심리적 스트레스 외에 환경의 변화와 신체의 질병 등이 있다. 수면장애의 형태로는 잠이 잘 오지 않고(입면 곤란), 한밤중에 눈이 떠지는 현상(중도 각성)을 자주 볼 수 있다. 불면 이외에는 불편한 요소가 없어도 수면 문제에 사로잡힌 상태가 계속되면 낮 시간대에도 또 다른 문제가 발생한다. 쉽게 피로해지고 컨디션이 나쁜 느낌이 들어서 기력과 의욕, 집중력 저하를 호소하는 경우가 많아진다.

수면 폴리그래프 검사에서는 자각적인 증상과 마찬가지로 잠자리에 누운 후 잠들기까지의 시간, 즉 입면 시간이 길어지고 얕은 논렘수면이 다소 늘어나 한밤중에 깨는 경향이 나타난다. 다만 검사에서 확인된 객관적 수면 상태보다 더 잠을 못 잔다고 주장하며 주관적 수면 상태를 과소평가하는 경향도 보인다.

일본의 정신생리성 불면증 유병률은 일반 인구의 1~2%로 추산되고 있다. 수면장애 전문 외래 진료를 찾는 불면증 환자 중 12~30%가 이 질환이라고 진단받았다. 나이나 성별로는 중장년 여성에게 많이 나타난다. 또 신경질적인 성격에 완벽주의 경향이 강한 사람에게서 흔히 볼 수 있다.

정신생리성 불면증의 진단기준(출처: 『수면장애의 국제 분류 제2판』을 일부 개편)

☐ 증상이 앞의 불면증 기준을 충족함(36페이지)

☐ 불면이 최소 1달간 지속

☐ 아래의 증상 중 한 가지 이상의 증상이 있음

  ☐ 수면에 관한 과도한 불안

  ☐ 야간에 자고 싶어도 잠들지 못하고 낮에 꾸벅꾸벅 졸게 됨

  ☐ 호텔이나 친구 집 등 집이 아닌 곳에서 오히려 더 잘 자게 됨

  ☐ 이것저것 생각하다가 잠을 이루지 못함

  ☐ 신체의 긴장을 풀지 못해 쉽게 잠들지 못함

실제 수면 시간과 본인이 생각하는 수면 시간의 차이(엔도 시로, 1962년)

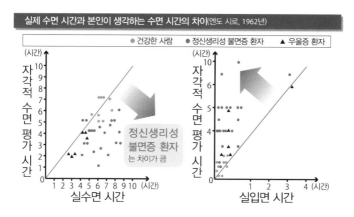

● 건강한 사람 　● 정신생리성 불면증 환자 　▲ 우울증 환자

(시간)
자각적 수면 평가 시간
실수면 시간 (시간)

정신생리성 불면증 환자
는 차이가 큼

(시간)
자각적 수면 평가 시간
실입면 시간 (시간)

04 역설적 불면증

의료기관을 찾은 환자가 진지하게 "저 정말 한숨도 못 자요!"라고 호소하길래 걱정이 되어서 밤새 수면 폴리그래프 검사를 해보면 의외로 정상이라는 결과가 나오기도 한다. 그렇다고 해서 그 환자가 거짓말을 하는 것은 아니다. 정신생리성 불면증 환자처럼 신경질적으로 보이지도 않는다. 이렇게 강한 불면증을 호소하는데 검사에서는 수면장애의 증거를 찾아볼 수 없는 경우를 역설적 불면증이라고 한다. 본인의 말과 검사 결과가 '반대'라는 의미이다.

역설적 불면증의 유병률은 명확하지 않지만, 불면을 호소하며 수면장애 센터를 찾는 환자의 5% 이내로 그리 많은 수는 아니다. 남녀 비율도 불분명하지만 20대~40대 여성에게 많이 나타나는 것으로 추측된다.

환자들은 불면의 정도를 표현할 때 다소 과장된 말을 쓰는 경향이 있다. 예를 들어 '전혀 잠이 오지 않는다'라거나 '밤새 깨어 있었다'라고 자주 호소한다. 그런데 막상 밤새 수면 폴리그래프 검사를 하면 입면 시간이나 총 수면 시간, 수면 효율(침대에 누워있던 시간 대비 실제 잠든 시간의 비율) 등 객관적 지표는 불면이 없는 사람과 차이가 없다. 스스로 말할 때는 입면 시간이나 중도 각성 시간(밤중에 깨어 있던 시간)을 실제로 측정된 시간의 1.5배 이상이라고 말하고 총 수면 시간은 짧게 평가하는 경향이 있다. 다만 뇌파에서는 깊은 수면이 줄어서 CAP(Cyclic Alternating Pattern)라는 특징적인 패턴이 많은 것은 사실이다. 그러므로 검사에서 전혀 이상이 없다고도 말할 수 없는 셈이다.

역설적 불면증의 진단기준(출처: 『수면장애의 국제 분류 제2판』을 일부 개편)

- ☐ 증상이 앞의 불면증 기준을 충족함(36페이지)

- ☐ 불면이 최소 한 달간 지속

- ☐ 아래 중 한 가지 또는 한 가지 이상의 기준에 해당
  - ☐ 정상적인 수면 시간을 확보했음에도 불구하고 '만성적으로 조금밖에 혹은 전혀 잠들지 못한다'라고 호소
  - ☐ 수면일지 평가에는 1주일 이상 동년배의 일반인과 비교해서 수면의 질과 양이 명백하게 떨어짐
  - ☐ 객관적인 폴리그래프 또는 액티그래프의 결과와, 주관적인 자기보고 또는 수면일지 간에 큰 차이가 있음

- ☐ 적어도 아래의 한 가지 항목에 해당
  - ☐ 밤새 주위의 자극을 느낌
  - ☐ 침대에 누워있는 시간 대부분 무언가를 생각

- ☐ 불면으로 인한 낮의 증상도 어느 정도 있지만 극도로 호소하는 환자의 말처럼 심각하지는 않고, 낮잠을 자지 않았으며 전혀 잠들지 못했다고 평가한 다음 날도 각성도나 주의력 저하가 심각하지 않음

검사에서는 문제가 없었으나 불면을 호소하는 사람에게는 깊은 수면이 적은 특징적인 뇌파가 보이는 공통점이 있음

제2장 불면의 원인은?

여기서 말하는 기분 장애나 감정 장애는 이른바 우울증이나 조울증을 말한다. 일본에서는 일생 중 한 번은 우울증에 걸리는 사람의 비율(생애 유병률)이 7.5%, 12개월 이내에 우울증에 걸리는 사람의 비율(12개월 유병률)은 2.2%로 보고되었다.

우울증에 걸리면 대부분 불면이 나타나고 우울증의 중증도와 불면의 중증도는 상관관계가 있다. 그래서 불면을 호소하던 사람들이 사실은 우울증 초기였다, 이런 경우가 종종 있다. 또 반대로 불면이 계속되고 있는 사람의 상당수가 우울증을 일으키기 쉬운 것으로 나타났다(125페이지).

급성기 우울증에서는 약 90%의 환자에게 잠이 잘 오지 않는 입면 장애나 너무 이른 아침에 눈을 떠 버리는 조조 각성 등의 수면장애가 나타난다. 또 불면증을 호소해 진찰받은 환자 중 약 20%가 우울증 등 기분 장애로 진단되고 있다. 나아가 치료를 통해 우울증의 다른 증상이 대부분 낫는다고 해도 60~70%의 사람들에게 불면증은 남는다. 이처럼 수면장애는 우울증의 중요한 증상 중 하나이다.

우울증으로 인한 불면의 특징은 조조 각성이라고 알려져 왔다. 그러나 실제로는 입면 장애나 밤중에 깨는 중도 각성도 많다는 사실을 알게 되었다. 최근 일본의 한 조사에 따르면 숙면 장애가 90%, 수면장애가 73%, 조조 각성이 48%로 전체의 94%가 어떤 유형이든 수면장애가 있었다고 한다.

또 우울증이 있는 사람은 낮에도 잠을 자기가 어렵다. 건강한 사람은 30~40%가 낮에 선잠을 잘 수 있지만 우울증 환자는 11~20%만이 선잠을 잘 수 있다. 즉 우울증에 걸리면 각성 상태가 높아지기 때문에 밤낮으로 잠을 잘 수 없는 상태가 되는 것이다.

☼ 자살 대책으로서의 수면 캠페인

일본의 자살자 수는 1998년부터 13년 연속해서 3만 명을 넘고 있다. 예년 3월에 자살자가 정점을 찍기 때문에 정부는 3월을 '자살 대책 강화 월간'으로 규정하고 있다.

연령대별 사인 순위를 보면 15~39세에서는 자살이 1위였고 40~49세에서는 2위, 10~14세와 50~54세에서는 3위를 차지했다. 자살자 총수에서는 중장년 남성의 자살이 많았으며 그중에서도 50대가 가장 많았다. 또 40~50대 남성의 경우 자살은 암이나 심장질환, 뇌혈관질환이라는 3대 사인과 필적하는 문제가 되고 있다.

자살의 원인으로 가장 많은 것은 우울증이다. 2008년 자살자 중 우울증이 계기가 된 사람은 27.6%였으며 그다음으로 신체 질환이 21.8%, 다중 채무가 7.4%였다. 자살자를 줄이기 위해서는 우울증이 있는 사람을 빨리 찾아내는 것이 중요한 셈인데 그 포인트가 수면에 있다는 점을 알게 된 것이다.

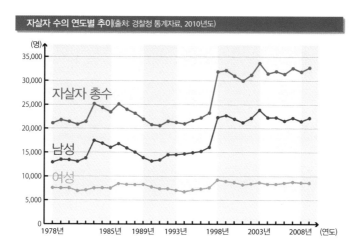

자살자 수의 연도별 추이(출처: 경찰청 통계자료, 2010년도)

우울증의 증상 중에서 가장 자각하기 쉽고 주변 사람들도 알아차리기 쉬운 것이 불면이다. 그래서 일본 정부는 2010년 3월부터 '잘 자고 있습니까?'라고 가족에게 묻는 수면 캠페인을 펼치고 있다. 수면 캠페인의 메인 문구는 '아빠, 잘 자고 있어?'이다. 한창 바쁘게 일하는 중장년 남성의 자살을 조금이라도 줄이고 싶다는 바람이 문구에 담겨 있다.

2주 이상 지속되는 불면은 우울증일 가능성이 있어서 조심해야 한다. 우울증을 방치하면 자살로 이어질 수 있다. 이런 경우에는 되도록 빨리 정신과 의사에게 진찰받을 것을 권하자.

정신장애로 인한 자살 중 산재가 인정된 51개의 사례 분석 결과 자살했을 때 우울증에 걸렸다고 판단된 사람이 무려 92%에 달했다. 그러나 정신과 진료를 받고 우울증 치료를 하고 있던 사람은 고작 20%였다. 또 자살자의 71%가 우울증 발병으로부터 3개월 이내에 사망했다. 가족이나 친구에게서 어딘가 달라진 부분이 보인다면 주저하지 말고 "잠은 잘 자고 있어?" 하고 물어보자. 이 한마디가 모두의 행복으로 이어질지도 모른다.

일하는 남성의 사망원인 순위
연령대별 사인의 순위(출처: 「인구동태통계」 2008년)

	40대	50대
제1위	자살 (3,640명)	암(18,337명)
제2위	암(3,556명)	심질환(6,782명)
제3위	심질환(2,302명)	자살 (4,744명)
제4위	뇌혈관질환(1,507명)	뇌혈관질환(4,174명)
제5위	불의의 사고(1,276명)	불의의 사고(2,362명)

잘 자고 있습니까?

06 불안장애로 인한 불면증

불안장애란 만성적으로 불안을 느끼고 그 불안에서 벗어나려는 행동으로 특징지어지는 정신질환이라고 정의한다. 불안장애에는 공황장애나 사회 공포, 강박성 장애, 외상 후 스트레스 장애, 급성 스트레스 장애, 범불안장애 등이 포함된다. 여기에서는 주로 공황장애로 인한 불면증에 관해서 이야기 하겠다.

공황장애 환자들은 스스로 불면증을 호소하는 경우는 그리 많지 않지만, 자세히 들어보면 그들 중 70~86%에게 수면장애가 있다는 사실을 알 수 있다. 수면장애 중에서는 조조 각성이나 각성 장애를 많이 볼 수 있다. 반복되는 불면증을 경험하는 사람은 건강한 사람은 35% 정도이지만 공황장애 환자 중에서는 67%라는 연구 결과가 있다. 이 연구에 따르면 공황장애에서는 특히 조조 각성과 숙면 장애가 많이 나타나며 입면 장애에서는 건강한 사람과 차이를 찾을 수 없었다.

공황장애는 뇌 내 전달 물질인 세로토닌과 GABA의 기능에 이상이 생겼기 때문에 일어나는 것으로 알려져 있다. 수면·각성과의 관계로 말하면 세로토닌은 각성계, GABA는 수면계 신경전달물질로 알려져 있다. 공황장애 환자가 강하게 느끼고 있는 불안이나 공포는 각성을 항진시키는 작용을 한다. 수면은 각성의 반대 상태이므로 공황장애 환자에게는 곤히 자라는 편이 더 어려울지도 모른다.

깨어 있을 때뿐만 아니라 수면 중에도 공황 발작이 일어날 수 있다. 공황 장애 환자의 18~45%가 수면 중 공황 발작을 경험하고 있다. 발작은 수면 전반부에 많이 일어나고 논렘수면기의 얕은 수면과 깊은 수면 사이에서 흔히 볼 수 있다. 환자가 느끼는 불안감이나 두근거림은 각성 시와 마찬가지로 호흡이 힘들어지는 경우도 많은 것 같다. 수면 중 공황 발작이 일어나면 발작 후 다시 잠들기가 두려워져서 불면증이 더욱 심해진다. 밤을 새는 등 수면이 부족하면 공황 발작이 일어나기 쉽다고 한다.

☐ 강한 공포 또는 불쾌함을 느끼고 아래의 증상 중 4개 이상이 갑자기 나타나서 10분 이내 정점에 도달함

☐ 두근거림, 심박수의 증가
☐ 발한
☐ 몸서리, 몸 떨림

☐ 숨 가쁨, 숨쉬기 어려움
☐ 질식감
☐ 흉통, 흉부의 불쾌감

☐ 구역질, 복부의 불쾌감
☐ 어지럼증, 휘청거림, 머리가 가벼워지는 느낌, 정신이 아득해지는 느낌
☐ 현실감 소실(현실이 아닌 것 같은 느낌), 이인증(자신에게서 분리됨)

☐ 컨트롤을 잃는 것에 대한, 또는 미치는 것에 대한 공포감
☐ 죽음에 대한 공포감
☐ 이상 감각(감각마비, 욱신거림)
☐ 냉감, 열감

수면 시 공황 발작 여부에 따른 증상의 비교(머만 등, 1989년)

반복되는 증상	빈번한 수면 중 공황 발작 여부	
	있음(31명)	없음(14명)
전반적인 불면	24명…77%	5명…36%
입면 장애	20명…65%	4명…29%
중도 각성	24명…77%	7명…50%
조조 각성	26명…84%	7명…50%
각성 중 공황 발작	27명…87%	13명…93%
우울 상태	22명…71%	4명…29%
광장 공포	25명…81%	10명…71%

07

외상 후 스트레스 장애

죽을 뻔하거나 실제로 중상을 입는 경우와 같은 체험이 마음의 상처, 즉 트라우마가 돼서 정신적인 장애를 일으키는 것을 외상 후 스트레스 장애(PTSD)라고 한다. 꼭 자신에게 해가 되지 않더라도 사람이 죽거나 죽어가는 상황을 보는 것만으로도 강한 스트레스를 받는다.

미국에서는 베트남전 귀환병이나 강간 피해자에게 이러한 장애가 많이 나타나서 일찍부터 사회 문제가 되었다. 일본에서는 1995년 한신·아와지 대지진 이후 언론을 통해 일반인에게도 외상 후 스트레스 장애가 널리 알려지게 되었다. 도쿄지하철 사린가스 테러 사건이나 아키하바라 무차별 살상 사건, JR 후쿠치야마선 탈선 사고의 피해자나 유족에게도 외상 후 스트레스 장애가 나타났다.

외상 후 스트레스 장애는 방아쇠가 된 사건이 자기 의사와 관계없이 자주 떠오르는 것이 주된 증상이다. 환자는 해당 사건을 떠올리고 싶지 않기 때문에 트라우마와 관련된 일이나 장소를 피한다.

외상 후 스트레스 장애로 인한 수면장애로는 잠이 잘 오지 않거나 한밤중에 잠이 깨고 숙면한 느낌이 없는 점 등을 들 수 있다. 특히 한밤중에 깨는 증상이 이 장애와 관계가 깊다고 생각된다. 미국 연구에 따르면 전쟁 경험으로 생긴 외상 후 스트레스 장애의 경우, 많은 사람이 20~30년이 지나도 수면장애에 시달리는 것으로 나타났다. 입원 치료 프로그램에 참여하고 있는 전직 군인을 대상으로 한 조사에서는 91%가 한밤중에 깨어났고 44%가 잠이 잘 오지 않아 고민하고 있다고 답했다고 한다.

✿ 악몽의 반복도 PTSD 증상 중 하나

반복적으로 악몽을 꾸는 것도 외상 후 스트레스 장애의 특징이다. 베트남 전쟁 후 미국으로 귀환한 병사 중 60%가 한 달에 한 번 이상 악몽을 꾼다는 연구 결과도 있다. 건강한 청년이 악몽을 꿀 확률은 20~24%의 사람이 기껏해야 1년에 한 번 이하이기 때문에 이는 상당히 높은 확률인 셈이다. 또 악몽을 꾸는 빈도는 트라우마로부터의 경과 기간이나 그 강렬함과 관련이 있다고도 알려져 있다.

JR 니시니혼·후쿠치야마선 탈선 사고로 인한 외상 후 스트레스장애

부상자

유족

자원봉사자

Q. 정신적 치료나 심리상담을 받은 적이 있음

Q. 참사 스트레스 증상이 있음

YES   YES   YES

69%   48%   65%

이 중 21%는 5년 후에도 치료를 계속

이 중 26%는 5년 후에도 치료를 계속

이 중 56%는 1개월 후에 증상이 개선. 29%는 4년 후에도 증상을 자각

¤ PTSD 치료법 'EMDR'

외상 후 스트레스 장애에 대한 치료법 중 하나로 EMDR(안구운동탈민감재처리)이 있다. EMDR은 프랜신 샤피로가 1989년에 발표한 비교적 새

로운 치료법이다. 치료 방법은 치료자가 좌우로 움직이는 손가락을 환자가 바라보면서 원인이 된 사건을 떠올리는 것뿐이다. 안구 운동이 뇌의 정보처리 과정을 활성화해서 원래대로라면 오랜 시간이 걸리는 과정이지만 매우 짧은 시간 내에 트라우마와 마주하고 이를 매듭지을 수 있다.

EMDR 치료

취침이나 기상과 관련된 습관뿐만 아니라 수면에 영향을 미치는 식사나 운동 등의 생활 습관을 포함해 수면위생이라고 한다. 잠을 푹 자고 개운하게 일어나려면 수면위생이 양호해야 한다. 하지만 주로 젊은 세대는 적절한 수면위생이 무엇인지조차 모르는 것이 현실이다.

부적절한 수면위생의 진단기준(출처: 『수면장애 국제 분류 제2판』을 일부 개편)

☐ **환자의 증상이 앞의 불면증 기준을 충족함**(36페이지)

☐ **환자의 불면 증상이 최소 1개월간 지속**

☐ **아래의 항목 중 1개 이상을 만족**

  ☐ 너무 많은 선잠, 불규칙한 취침·기상 시각, 너무 긴 취침 시간 등 부적절한 수면 습관

  ☐ 알코올이나 니코틴, 카페인 등을 취침 전 섭취

  ☐ 취침 직전에 정신적·육체적인 자극이 강한 행동을 함

  ☐ 침대를 수면 외(TV 시청, 독서 등)의 목적으로 사용

  ☐ 불량한 침실 환경

부적절한 수면위생으로 인한 불면증 유병률은 1~2%로 청년부터 노인까지 별 차이가 없다. 수면 외래 진찰을 받는 불면증 환자 중 30% 이상의 사람들은 수면위생이 불면과 관련이 있다. 그래서 정신생리성 불면증이나 수면 무호흡증 등으로 인한 불면증이어도 수면위생이 부적절한 탓에 불면증이 길어지거나 나빠지기도 한다.

수면위생의 세 가지 포인트는 아래의 세 항목이다.

> ① 수면 시간대의 규칙화
> ② 취침 전 긴장 풀기
> ③ 침실 환경의 조정

나이가 들면 필요 이상으로 긴 선잠을 자거나 잠이 오지 않아 잠자리에 오랫동안 누워있게 되는 증상 등이 문제가 된다. 젊은 사람들은 평일의 수면 부족을 휴일에 보충하려고 평일보다 몇 시간 이상 늦게 일어나거나 잠자리에 들기 직전까지 정신적 혹은 육체적 자극이 강한 행동을 하는 것 등이 수면위생을 더욱 악화시킨다.

일본 후생노동성의 위탁을 받아서 수면 전문가가 만든 「수면장애에 대처하기 위한 12개의 지침」(52~55페이지)이라는 자료가 있다. 이 자료에는 수면위생을 개선하기 위해 해야 할 일이 실려 있다. 하나씩이라도 좋으니 할 수 있는 것부터 해보자.

침대를 수면 외의 목적으로 사용하는 행동은 불면의 근원

수면위생

수면장애에 대처하기 위한 열두 가지 지침 ①

1) 수면 시간은 사람마다 달라서 낮에 졸음으로 괴롭지 않으면 충분

    수면은 매우 개성적이다. 수면 시간을 다른 사람과 비교하지 말고 자신에게 맞는 수면 시간을 찾아보자.

2) 자극적인 것을 피하고 자기 전에는 자신만의 긴장 완화 방법을 찾기

    카페인을 섭취하거나 담배를 피우면 졸음이 달아나기 때문에 카페인 은 잠들기 4시간 전까지만 섭취하고 담배는 1시간 전까지만 피도록 하자.

3) 졸린 다음에 눕고 취침 시각에 집착하지 말기

    막상 자려고 하면 잠이 안 오는 경우가 있다. 그럴 때는 한번 침대에 서 일어나서 다시 졸릴 때까지 기다리자.

4) 얕은 잠만 자게 될 때는 오히려 적극적으로 늦게 자고 일찍 일어나기

    수면 시간을 줄이면 깊은 수면이 늘어난다. 얕은 잠만 자게 될 때는 '일찍 자고 일찍 일어나기'가 아니라 '늦게 자고 일찍 일어나기'로 수 면 시간을 압축해보자.

5) 수면 중 격렬한 코골이·호흡 정지 증상이 나타나거나 다리가 꼬이 고 하지가 불안하다면 주의

    이와 같은 증상은 수면 무호흡증후군이나 하지 불안 증후군, 주기성 사지 운동 장애 등의 질환이 원인인 경우가 있다.

6) 수면제 대신 자기 전 음주는 불면의 근원

    알코올은 잠들기 좋게 만들지만 깊은 수면이 줄어서 전체적으로는 수면의 질에 악영향을 미친다.

수면장애에 대처하기 위한 열두 가지 지침 ②

7) 수면제는 의사의 지시에 따라 정확하게 사용하면 안전

잠들 준비를 하고 침대에 들어가기 30분 정도 전에 먹자. 수면제의 음용법과 중단법은 반드시 주치의의 지시에 따르자.

8) 같은 시각에 매일 기상하기

눈 뜨는 시각이 일정하면 체내 시계의 리듬도 잘 정돈된다. 휴일에도 평일의 기상 시각+2시간 이내에 일어나도록 하자.

9) 빛을 이용해서 좋은 수면 취하기

아침에 강한 태양 빛을 쐬면 상쾌하게 눈을 뜰 수 있다. 밤에는 어둡고 따뜻한 빛이 졸음을 유도한다. 침실은 어두운 편이 자기에 좋다.

10) 규칙적인 3번의 식사, 규칙적인 운동 습관 지키기

아침 식사는 위장에 있는 체내 시계를 깨운다. 반대로 저녁 식사는 체내 시계 리듬을 흐트러트리기 때문에 먹는다면 가볍게 먹는 것이 좋다.

11) 낮잠을 잔다면 15시 전에 20~30분

오후 2~4시에도 졸음이 강해진다. 오후에 찾아오는 졸음을 쫓고 싶다면 짧은 낮잠이 효과적이다.

12) 충분히 자도 낮에 졸음이 강하게 몰려올 때는 전문의에게 상담하기

운전 중이거나 중요한 업무 중에 갑자기 졸리는 사람은 빠른 진료를 추천한다.

1 다른 사람과 비교하지 않기

너무 자나? 너무 안 자나?

2 카페인이나 담배는 자제

4시간
취침
1시간

3 잠이 안 올 때는 일어나보기

4 수면 시간을 짧고 굵게
조절해보기

5 코골이나 무호흡에 주의

6 잠들기 전 음주 자제

7 수면제는 정확하게 복용	8 규칙적인 기상

9 태양 빛을 쐬기	10 규칙적인 식사와 운동 습관

11 낮잠을 잔다면 오후 3시 전에 20~30분	12 졸음이 심할 때는 전문의와 상의

09 약제성 불면

우리는 몸과 마음의 상태가 나빠지면 병을 고치려고 약을 먹는다. 병을 치료할 때는 몸 상태가 좋아지고 부작용은 생기지 않는 것이 이상적이다. 하지만 어떤 약에도 반드시 부작용은 존재한다. 효과가 좋은 약일수록 부작용도 생기기 쉽다. '좋은 약은 입에 쓰다'라는 말은 그래서 나온 말인지도 모른다. 인체에 해로울 게 없는 가짜 약(플라세보)이어도 해당 약의 임상시험을 해보면 10~30% 정도의 사람들이 다양한 부작용을 호소한다. 질병 치료를 받는 사람 중에 약을 먹기 시작한 후 불면증이 생겼다면 그 약이 불면의 원인일 가능성이 높다. 이러한 불면을 약제성 불면이라고 한다.

약제성 불면이 의심될 때는 약과 함께 받은 약제 정보 제공서를 재검토해 해당 약에 불면증이나 수면장애의 부작용이 없는지를 확인해야 한다. 만약 약의 부작용 가능성이 있다면 주치의와 상담해서 약을 바꾸거나 줄이면 잠을 잘 수 있게 될 것이다. 이 책에서는 약의 이름을 일반명으로 표기하므로 상품명을 알고 싶다면 인터넷에서 검색해보기를 바란다.

불면이 계속되면 혈압이 올라간다. 또 고혈압인 사람은 아침 일찍 눈을 뜨는 등 수면에 문제가 있는 경우가 흔하다. 그동안 사용해 온 고혈압 치료제는 불면을 일으킬 때가 종종 있었지만, 최근 새로운 약을 사용하면서 불면 부작용이 줄어들었다.

피브라토계 고지혈증 치료제는 불면을 일으키기도 하지만 체내 시계의 조절작용이 있는 것으로 알려져 수면 위상 지연 증후군 등 수면과 각성의 리듬이 깨지는 질병 치료제로 기대되고 있다.

기관지 확장제는 기관지 천식이나 만성 기관지염, 폐공기증 등의 치료에 사용되는 약이다. 야간에 일어나는 천식 발작은 불면의 원인이 되지만 그 치료제로도 불면의 부작용이 생길 수 있다. 한방약에 사용되는 마황에도 에

페드린이 포함되어 있다.

새로 개발된 항우울제인 선택적 세로토닌 재흡수 억제제(SSRI)나 세로토닌-노르아드레날린 재흡수 억제제(SNRI)는 뇌의 세로토닌과 노르아드레날린 부족을 보완하는 작용이 있다. 그런데 이 물질들은 각성도를 높이기 때문에 불면의 원인이 되기도 한다.

작용 시간이 짧은 수면제를 오래 복용했을 때는 끊는 방법에 주의가 필요하다. 갑자기 약을 끊으면 전보다 더 강하게 반동성 불면이 찾아올 수 있기 때문이다.

약제성 불면을 일으킬 가능성이 있는 약의 예시	
하압제	니페디핀, 베라파밀, 프로프라놀롤, 카르베롤, 라베탈롤, 클로니딘, 메틸도파, 레세르핀, 하이드랄라진
고지혈증 치료제민	피브레이트, 아토르바스타틴, 심바스타틴, 콜레스티라민
항궤양제	시메티딘
기관지 확장제	테오필린, 에페드린
부신피질 스테로이드	프레드니솔론, 덱사메타손
항결핵성 항균제	아이소나이아지드
인터페론	−
항파킨슨병 약제	레보도파, 파록세틴, 세르트랄린, 아만타딘
과다수면증 치료제	페몰린, 메틸페니데이트
카페인	−
암페타민	−
항우울약	플루복사민, 파록세틴, 세르트랄린, 밀나시프란
식욕억제제	마진돌
수면제	벤조다이아제핀 계열(초단시간형, 단시간형)
알코올	−

⏰ 10 내과 질환으로 인한 불면

　신체 질환으로 인해 불면을 앓고 있는 사람이 일반 인구의 0.5%나 된다. 또 질병을 앓는 사람의 4%가 불면에 시달리고 있고, 노인일수록 불면의 비율이 커진다. 한 조사에서는 불면의 원인으로 신체 질환이 정신적 스트레스를 제치고 1위를 차지했다.

　만성 통증으로 고생하는 사람은 인구 1만 명당 1,700명이나 된다. 게다가 하나 이상의 만성 통증이 있는 사람의 40% 이상이 불면을 느끼고 있다. 만성 통증으로 인한 불면증은 한 번 눈을 뜨면 다시 잠들기 어려운 것이 특징이다. 통증은 불면을 초래하고 불면은 다음날 통증을 더욱더 강하게 하므로 만성 통증이 있는 사람은 없는 사람보다 낮 동안의 컨디션 불량이나 활동성 저하가 심해진다.

　만성폐쇄성폐질환은 COPD라고 약칭하는 질환으로 기도의 만성적인 장애를 의미한다. 수면장애로는 숨쉬기가 힘들어서 잠이 잘 오지 않거나 한밤중에 깨어남, 숨 가쁨, 야간 기침, 기상 시 피로 해소감이 없거나 두통이 있다. 대부분 수면제는 호흡근이나 목의 근육을 이완시켜 호흡곤란을 악화시키므로 사용할 때는 충분한 주의가 필요하다.

　치사성 가족성 불면증은 BSE로 유명해진 프리온병 1종으로 가족 내에서 발생하는 질환이다. 40~50대에 기억력 저하나 불면증, 야간 흥분, 고체온, 발한, 빈맥으로 발병한다. 그러다 근육 경련이나 치매가 진행되어 약 1년 만에 무동·묵언 상태가 되어서 죽음에 이른다.

　질환은 아니지만 여성은 월경 주기에 맞춰 졸음이 강해지거나 잠을 잘 수 없게 된다. 황체호르몬에는 잠을 줄이는 작용이 있어서 황체호르몬이 늘어나는 월경 전에는 불면증에 걸리기 쉽다. 또 임신 8개월이 지나면 커진 배가 방해되어 잠들기 쉬운 자세를 취하기 어려워진다. 또 등 통증이나 빈

뇨, 태동 때문에 잠이 잘 오지 않고 잠이 얕아진다. 완경 전후에는 이른바 갱년기 장애 때문에 불면을 호소하는 사람들이 많아진다.

불면을 일으키는 신체 질환의 예시

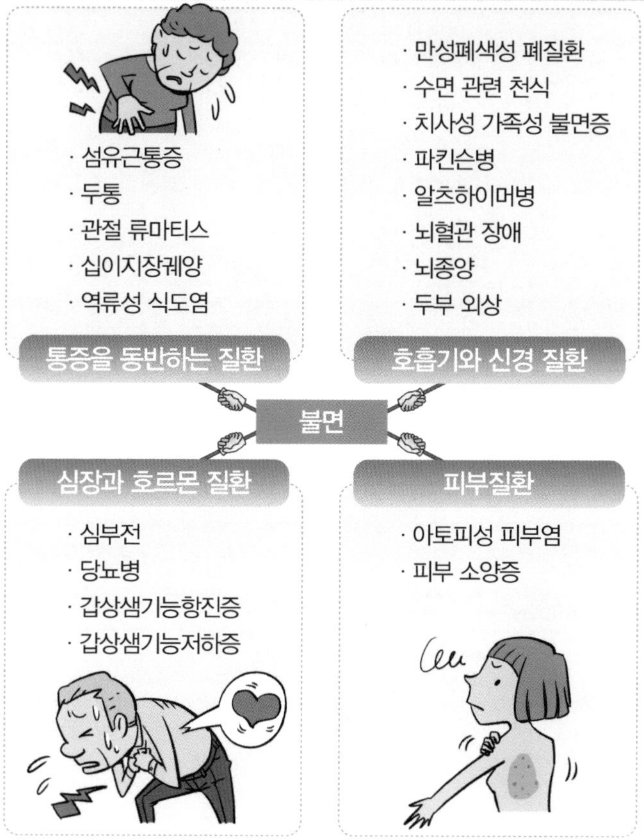

통증을 동반하는 질환

· 섬유근통증
· 두통
· 관절 류마티스
· 십이지장궤양
· 역류성 식도염

호흡기와 신경 질환

· 만성폐색성 폐질환
· 수면 관련 천식
· 치사성 가족성 불면증
· 파킨슨병
· 알츠하이머병
· 뇌혈관 장애
· 뇌종양
· 두부 외상

불면

심장과 호르몬 질환

· 심부전
· 당뇨병
· 갑상샘기능항진증
· 갑상샘기능저하증

피부질환

· 아토피성 피부염
· 피부 소양증

호흡이 멈추는 '무호흡'이나 호흡의 1회량이 줄어드는 '저호흡'이 잠든 사이에 일어나서 수면장애가 생기는 질환을 수면 무호흡증후군(SAS)이라고 한다. 실제로는 수면의 질이 떨어지고 있는데 진찰받으러 방문한 환자의 대부분이 자신의 수면 부족을 인식하지 못하고 낮에 알게 모르게 졸아 버리는 것도 문제이다.

일본에서의 조사에 따르면 수면 중 무호흡이나 저호흡 증상이 있고 낮 동안 강한 졸음을 호소하는 사람은 남성의 3.3%, 여성의 0.5%로, 합치면 전 국민의 1.7%라고 한다. 이를 고려하면 일본에는 수면 무호흡증 환자가 200만 명이나 있는 것으로 추정된다. 성별로는 남성이 여성에 비교해 3~5배나 수면 무호흡증에 걸리기 쉽다. 게다가 경증 사례와 비교해 중증이 되면 남녀 비율이 확대된다. 남성에서는 환자의 절반 이상이 40~50대이며 여성에서는 완경 후 급증하는 것도 특징이다.

수면 무호흡증후군이란?

멈춤

1회량이 감소

무호흡   저호흡

수면의 질 저하

① 폐쇄형

코 또는 입에서 폐까지 공기가 지나는 길인 기도의 일부가 좁아지거나 막혀서 일시적으로 호흡이 안 되는 타입

② 중추형

뇌에 있는 호흡 중추의 작용에 이상이 생겨서 호흡 관련 근육에 지령이 도달하지 않아 호흡이 불가능해지는 타입
뇌혈관질환과 울혈성 심부전, 고산병 등이 원인인 수면 무호흡증후군도 이 타입에 해당

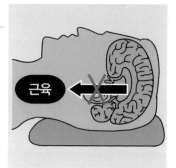

③ 혼합형

1번의 무호흡 발작 중에 중추형에 이어서 폐쇄형이 일어나는 타입

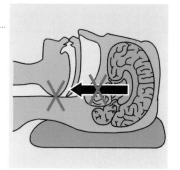

12 성인의 폐쇄성 수면 무호흡증후군

　폐쇄성 수면 무호흡증은 생리적 원인과 코나 목의 형태 이상이라는 두 가지 요인이 겹쳐서 발병한다. 잠을 자면 근육의 긴장이 풀리고 몸이 늘어진다. 목 주위나 혀의 근육도 예외가 아니어서 깨어 있을 때와 비교하면 수면 중에는 기도가 좁아지기 쉽다. 또 등을 대고 자면 중력으로 인해 혀가 목구멍 쪽으로 처지기 쉬워진다. 건강한 사람이라면 수면 중에 일어나는 생리적 변화만으로는 가벼운 코를 고는 정도일 것이다. 하지만 알레르기 비염이나 만성 부비강염 등 코 질환, 편도선 비대, 비만, 턱이 작은 등 형태의 이상이 있으면 기도가 쉽게 막혀 무호흡이 발생하게 되는 것이다.

폐쇄성 수면 무호흡증의 발병 메커니즘

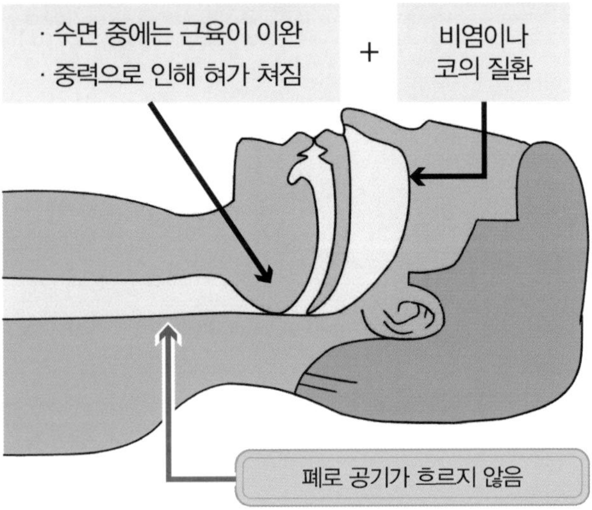

· 수면 중에는 근육이 이완
· 중력으로 인해 혀가 처짐

+

비염이나
코의 질환

폐로 공기가 흐르지 않음

¤ 수면 중 폐쇄성 수면 무호흡증후군의 증상

수면 중에 일어나는 폐쇄성 수면 무호흡증후군의 증상으로는 다음과 같은 증상이 있다.

· 주기적으로 반복되는 코골이와 무호흡

많은 환자가 스스로 깨닫지 못하고 침대 파트너에게 지적받고 나서야 진료실을 찾는다. 시간당 무호흡이나 저호흡이 5회 이상 있으면 수면 무호흡증으로 진단한다.

· 중도 각성이나 숙면 장애

호흡이 멈춰서 산소 부족이 된 결과 괴로워서 잠에서 깨는 경우가 증가한다. 수면의 질이 떨어져 장시간 잠을 자도 숙면한 느낌이 없고 수면이 부족하다고 느낀다.

수면 중 폐쇄성 수면 무호흡증후군의 증상

· 잠버릇이 나쁨

무호흡으로 고통스러워서인지 발버둥 치는 듯한 동작을 하며 수면의 질이 나빠서 뒤척이는 횟수가 평소보다 증가한다.

¤ 각성 중 폐쇄성 수면 무호흡증후군의 증상

폐쇄성 수면 무호흡증의 영향으로 낮에도 다음과 같은 증상이 나타날 수 있다.

· 매우 강한 졸음

밤의 실질적인 수면 시간이 짧고 깊은 수면이 줄어서 수면의 질이 떨어지기 때문에 낮에 강력한 졸음이 찾아온다. 졸음이 늘어날 뿐만 아니라 권태감이 강해지고 집중력과 기억력이 떨어져서 작업 능률이 저하된다.

· 기상 두통

수면 중에 자꾸 호흡이 멈추면 혈액 속의 이산화탄소 농도가 높아진다. 그래서 뇌 혈류량이 증가하고 머리뼈 속 압력이 높아짐으로써 두통이 발생한다.

· 속 쓰림이나 인후통

호흡하려고 노력하다 보면 배에 힘이 들어갈 때가 있다. 힘이 들어가면 복압이 높아져서 위액이 역류하고 그 위산이 식도와 목을 태우게 된다. 천식이 심해지는 경우도 있다.

· 성욕 저하나 발기부전

성욕 저하나 발기부전은 다양한 원인을 고려할 수 있지만 수면 무호흡증후군을 치료함으로써 증상이 개선되는 경우도 적지 않다.

· 기타 증상

이외에도 폐쇄성 수면 무호흡증이 있는 사람은 고혈압이나 부정맥, 협심증, 심근경색, 뇌졸중, 당뇨병 등 생활습관병이 합병되기 쉽다고 알려져 있다.

낮 동안의 폐쇄성 수면 무호흡증후군의 증상

¤ 폴리그래프를 통한 수면 무호흡증후군의 진단

폴리그래프라고 하면 예전에는 '거짓말 탐지기'를 떠올리는 사람이 많은데 사실 수면 무호흡증후군의 진단에 필수적인 도구이다.

많은 채널(=폴리)을 통해 신체에서 나오는 정보를 기록하는 것이 이 검사의 특징이다. 수면 폴리그래프 검사에서는 뇌파나 근전도, 안구 운동, 호흡 상태, 혈액 속 산소의 농도 등을 밤새 측정해 기록한다. 많은 센서와 코드를 몸에 붙일 수 있기 때문에 처음에는 다소 긴장하는 사람이 많지만, 잠자리에 들 무렵에는 차분하게 일반적으로 잠들 수 있다.

자는 동안에 실시하는 검사이므로 저녁 식사 후 입원해서 밤 9시부터 10시경에 센서를 설치한다. 병원에 하룻밤 묵고 다음 날 아침 6시경까지 기록한 후 센서를 분리하고 퇴원한다. 그래서 바쁜 회사원들도 일을 쉬지 않고 검사를 받을 수 있다.

검사 결과는 나중에 받거나 다시 진찰받을 때 의사로부터 설명을 들을 수 있다. 시간이 있으면 검사 종료 후에 의사로부터 검사 결과에 대한 설명을 들을 수도 있다.

일본에서는 비용에 건강 보험을 적용할 수 있어서 30% 부담하는 사람은 2만 엔대부터인 경우가 많다. 최근에는 택배로 간이형 휴대용 장치를 보내주는 서비스도 있는데 이 서비스는 6천 엔 정도부터 받을 수 있다.

밤새 진행한 수면 폴리그래프 검사에서 10초 이상 지속되는 무호흡이나 저호흡 발작이 1시간에 5회 이상 발생할 경우 수면 무호흡증으로 진단된다. 그중에서도 무호흡이나 저호흡 발작이 1시간에 30회 이상 있다면 중증이므로 빠른 치료가 필요하다.

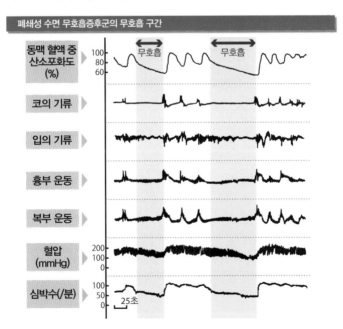

어린이의 코골이는 미취학 아동일 때부터 초등학교 저학년까지 많이 나타나며 전체 어린이의 27%가 코를 골 수 있고, 6~9%의 어린이는 습관적으로 코를 곤다. 수면 무호흡증후군은 어린이 중 1~3%에 나타나며 유병률로 따지면 결코 어른보다 적다고 할 수 없다. 나이로는 2~6세에 많이 나타나고 남녀의 차이는 없다.

소아의 수면 무호흡증후군의 대부분은 목에 있는 아데노이드(인두편도)나 구개 편도가 기도를 막으면서 발생한다. 아데노이드나 구개 편도는 입이나 코를 통해 세균이 몸에 들어오지 못하게 해주는 면역기관으로 3~10세 무렵 특히 커진다. 이외에도 턱뼈의 성장 장애나 거설증, 비만, 알레르기 비염 등이 원인일 수도 있다.

아데노이드와 구개 편도의 위치

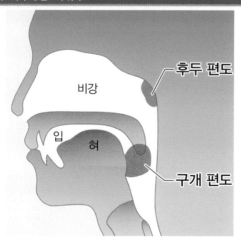

후두 편도

비강

입   혀

구개 편도

✿ 아데노이드나 구개 편도 수술의 효과는?

어린이는 자신의 증상에 대해서 좀처럼 설명해 주지 않기 때문에 진단을 위해서는 보호자가 말해주는 정보가 중요하다. 자고 있을 때 나타나는 증상으로 무호흡과 가슴 함몰을 동반한 코골이, 입 호흡, 심한 뒤척임, 식은땀, 몸을 움직이면 깨어나는 것, 목을 세게 뒤로 젖힌 옆으로 자는 자세 등이 있으면 이 질환을 의심해야 한다.

수면과 각성의 리듬과 관련해서는 기상 시각이 늦고 눈을 뜨기까지 시간이 걸린다, 매일 2~3시간도 넘게 낮잠을 잔다, 밤에 잠자리에 들기 싫어한다, 이불에 들어가 잠들기까지 시간이 걸린다 등의 현상을 들 수 있다.

아데노이드나 구개 편도가 원인이 되어 낮의 증상(차분하지 않고 돌아다닌다, 공격적인 행동이 많다 등)이 심각하거나 성장 장애(환아의 27~56%)가 있을 때는 아데노이드를 절제하거나 구개 편도를 적출하기도 한다. 이 수술들은 75~100%의 어린이에게 효과가 있다.

아데노이드 절제술이나 구개 편도 적출술을 시행하면 마른 편이었던 어린이는 수술 후 체중이 늘고 비만형 어린이는 신장이 늘어나서 각각 신장

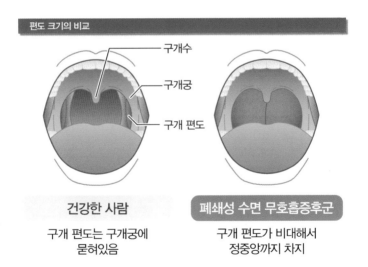

편도 크기의 비교

구개수

구개궁

구개 편도

건강한 사람
구개 편도는 구개궁에
묻혀있음

폐쇄성 수면 무호흡증후군
구개 편도가 비대해서
정중앙까지 차지

과 체중의 균형이 개선된다. 움푹 패어 있던 가슴 모양도 저절로 낫는다. 수면 무호흡증에 걸린 아이는 턱이 작은 경우가 종종 있는데 수술 후부터는 성장 속도를 되찾아 나이에 맞는 수준까지 회복된다. 야뇨도 많은 증상 중 하나이지만 수술 1개월 후에는 3분의 2의 어린이가 낫고 수술 후 6개월 후에는 수술 전 대비 4분의 1로 줄어든다. 학교 성적이 나빴던 아이도 수술 후에는 성적 향상을 기대할 수 있다는 연구 결과도 있다.

아데노이드나 구개 편도 수술로 나아지지 않을 때, 턱이나 얼굴 뼈에 이상이 있으면 그에 대한 형성 수술이 이루어진다. 그래도 개선되지 않으면 성인은 표준적인 치료법인 CPAP(204페이지)를 진행한다. 어린이에게도 CPAP의 효과는 높지만 안타깝게도 본인이 기기를 사용해야 하는 필요성을 이해하기가 어려워서 대부분 CPAP 치료를 계속하기 어려운 것이 현실이다.

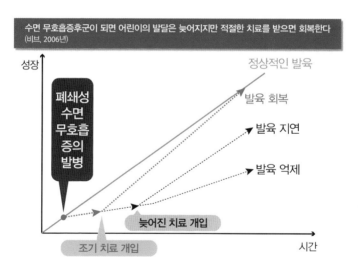

수면 무호흡증후군이 되면 어린이의 발달은 늦어지지만 적절한 치료를 받으면 회복한다
(비브, 2006년)

중추성 수면 무호흡증후군

수면 무호흡증후군은 공기의 길이 막혀서 일어나는 '폐쇄성'이 대부분이지만 뇌에서 지령이 잘 전달되지 않는 '중추성'도 있다. 중추성 수면 무호흡증후군은 뇌에 있는 호흡을 조절하는 부분(호흡 중추)에 이상이 생겨서 호흡과 관련된 근육에 뇌의 지령이 닿지 않아 호흡이 멈추는 타입이다. 뇌혈관 장애나 울혈성 심부전, 고산병 등이 원인인 수면 무호흡증후군도 이 유형에 포함된다.

폐쇄성 수면 무호흡증후군에서는 기도가 막혀 숨을 쉴 수 없게 되므로 괴로워서 열심히 호흡하려고 노력한다. 그런데 중추성 수면 무호흡증후군에서는 뇌에서 호흡근으로 지령이 안 나가기 때문에 호흡하려는 노력을 볼 수 없다.

중추성 수면 무호흡증후군은 비교적 드물어서 전체 수면 무호흡증후군의 0.4~4%를 차지할 뿐이다. 중년부터 고령자에게서 많이 나타나고 여성보다 남성에게 많다고 생각된다.

중추성 수면 무호흡증후군이 발병하는 메커니즘에 대해서 다음과 같은 가설이 세워졌다.

논렘수면 중에는 동맥혈 속에 녹아 있는 탄산가스의 양을 일정하게 유지하도록 호흡이 조절된다. 혈액 속 탄산가스가 증가하면 탄산가스를 몸에서 밖으로 내보내기 위해서 호흡의 횟수와 양이 증가한다. 반대로 탄산가스가 줄어들면 숨을 쉬지 않게 된다.

이 탄산가스에 대한 호흡 반응이 과민해지면 혈액 속 탄산가스가 약간 늘어나도 필요 이상의 호흡이 일어나서 그 결과, 탄산가스의 농도가 호흡을 멈추게 되는 수준까지 급격히 저하되어 무호흡이 일어나는 것으로 보인다.

폐쇄성의 증상	↔	중추성의 증상
● 공기가 지나가는 길이 막힘		● 뇌에서 지령이 잘 전달 되지 않음
● 기도가 막혀서 호흡하 려고 발버둥 침		● 호흡하려고 하지 않음

왜 발병하는가?

중추성 무호흡증후군의 발병 메커니즘(가설)

통상적인 논렘수면

탄산가스의 혈중농도를 호흡수와 양에 따라 잘 조절

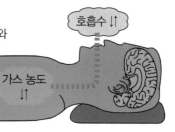

호흡수 ↓↑

가스 농도 ↓↑

중추성 무호흡증후군의 발병

탄산가스의 혈중농도에 대해 과민하게 반응

가스 농도의 미세한 상승 ↑

빨리 내보내!

과잉 호흡(불필요한 배출)

➡

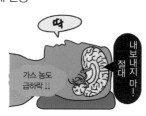

딱

가스 농도 급하락 ↓↓

절대 내보내지 마!

무호흡에 따른 대응

¤ 중추성 수면 무호흡증후군의 자각 증상

　중추성 수면 무호흡증후군의 자각 증상은 폐쇄성과 거의 같다. 무호흡으로 인해 수면이 깨지기 때문에 숙면감이 없고 낮에는 수면 부족으로 인해 강한 졸음을 느껴서 무심코 잠들기도 한다. 순수한 중추성 수면 무호흡증후군에서는 코를 골지 않지만, 폐쇄성도 합병되어 있으면 큰 코골이나 앓는 소리가 들린다.

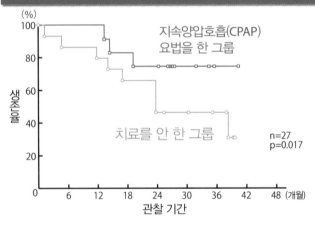

지속 양압 기도요법을 실시하면 중추성 수면 무호흡증후군의 생존율이 향상
(신, 1999년)

지속양압호흡(CPAP) 요법을 한 그룹

치료를 안 한 그룹

n=27
p=0.017

관찰 기간

심각한 수면 무호흡증후군에서도 지속양압호흡 요법은 효과적입니다

치료법에 대해서는 제4장에서 다시 소개하겠습니다

15 기면증

과다수면증의 대표로 잘 알려진 기면증이지만 사실 불면증을 일으키기도 한다. 기면증 환자는 잠들자마자 이른바 가위에 눌리기 쉬워진다. 가위에 눌릴지도 모른다는 두려움 때문에 잠자는 것 자체를 싫어해서 불면에 빠질 수 있는 것이다.

기면증의 유병률은 인종에 따라 달라서 미국이나 유럽에서는 1만 명 중 2~4명 정도로 비교적 적은 편이다. 하지만 일본에서는 1만 명 중 16~18명 꼴로 전국적으로 20만 명이나 환자가 있을 만큼 결코 드문 병은 아니다. 『마작방랑기(麻雀放浪記)』로 유명한 나오키상 작가 아사다 데쓰야(이로카와 다케히로)씨도 이 기면증과 싸웠다고 알려져 있다.

아사다 데쓰야(이로카와 다케히로)씨에 대해서

아사다 데쓰야
(이로카와 다케히로)(1929~1989년)

도쿄 출생. 제2차 세계대전 이후 수년간 방랑과 방황, 영화와 연극으로 하루하루를 보내다가 잡지 편집을 거쳐서 소설가가 되었다. 아사다 데쓰야라는 이름으로 『마작방랑기』 등 많은 마작 소설을 썼다. 만년에는 많은 지병으로 괴로워했다.

대부분 사춘기를 중심으로 10대부터 증상이 시작되며 발생 빈도에 남녀 차이는 없다. 환자의 4~7%는 가족 중에 같은 병을 가지고 있는 사람이 있지만, 그 외 대다수는 혼자 발병한다.

기면증 환자의 약 90%가 뇌척수액의 단백질 '오렉신 A'의 농도가 낮은 것으로 알려져 있다. 오렉신은 각성계 신경 네트워크나 근육의 작용을 제어하는 신경 네트워크와 깊은 관계가 있다. 그래서 기면증은 오렉신 신경의 작용이 고장이 나서 수면 발작이나 정동 탈력 발작을 일으키는 것으로 보인다.

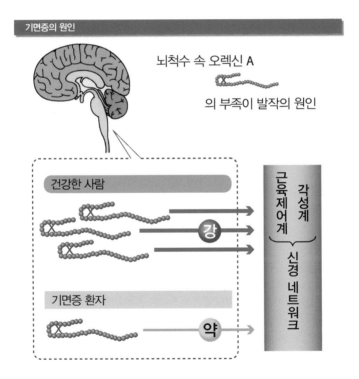

기면증의 원인

뇌척수 속 오렉신 A

의 부족이 발작의 원인

건강한 사람

강

기면증 환자

약

근육제어계　각성계
신경 네트워크

¤ 기면증의 증상

기면증 환자에게게서는 다음과 같은 4대 증상이 나타난다. 이러한 증상 중 일부는 건강한 사람에게도 나타날 수 있다. 반대로 기면증 환자 중에서도 4가지 증상 모두 나타나는 것은 20~25% 정도의 사람뿐이다.

(1) 낮에 견디기 힘든 졸음과 수면 발작

위험한 작업이나 중요한 회의, 데이트 등 적극적인 참여나 긴장감이 필요한 상황에서도 본인의 의지와 관계없이 갑자기 잠이 들게 된다. 졸음은 보통 30분 이내에 저절로 눈을 뜨고 일어나면 기분이 상쾌해진다. 일어난 후 한동안은 졸음이 없어지지만, 몇 시간 지나면 다시 심한 졸음이 엄습한다.

(2) 정동 탈진 발작(Cataplexy)

웃는다, 기뻐한다, 화낸다, 놀란다, 흥분한다 등 강한 감정의 움직임이 방아쇠가 되어 전신의 근력이 좌우 동시에 빠져 버리는 발작을 의미한다. 심할 때는 쓰러지기도 하고, 혀가 잘 돌아가지 않으며 머리가 앞으로 처지거나 무릎이 떨리는 증상이 나타날 때도 있다. 발작은 몇 초~몇 분이 지나면 가라앉고 자연스럽게 몸에 힘이 들어가게 된다.

(3) 수면 마비

이른바 가위눌림이라고 불리는 증상으로 잠들자마자 혹은 눈을 뜬 직후에 일어난다. 수면 마비는 몇 분 안에 자연스럽게 없어진다. 건강한 사람은 잠들고 90~120분 후에 나타나는 렘수면이, 기면증인 사람에게는 잠들고 바로 나타난다. 렘수면 중에는 전신의 근육을 움직일 수 없어서 이때 어떤 원인으로 깨어나 버리면 몸을 움직이지 못해서 초조해진다.

(4) 입면 시 환각

잠이 들 때 환각을 보는 경우가 있는데 수상한 사람의 그림자나 귀신이 위해를 가하러 오는 등 상당히 현실감 있고 선명하고 무서운 것이 많은 것 같다. 입면 시 환각이 보일 때는 수면 마비에도 빠져 있기 때문에 도망치려고 해도 몸은 움직이지 않고 소리도 내지 못하기 때문에 공포감이 증폭된다. 이것도 수면 마비와 마찬가지로 몇 분 안에 없어진다.

기면증 증상 예시

수면 발작

정동 탈력 발작(Cataplexy)

수면 마비

입면 시 환각

16 행동으로 유발된 수면 부족 증후군

만성적으로 수면이 부족하지만, 그 사실을 본인이 깨닫지 못한 채 약 3개월 이상 심각한 졸음에 시달리는 것이 특징이다. 일본에서는 만성적으로 낮동안의 강한 졸음을 호소하며 의료기관에서 진찰받는 사람 중 7%가 이 질환으로 진단받고 있는데 사실은 그보다 몇 배 많은 환자가 있을 것으로 보인다.

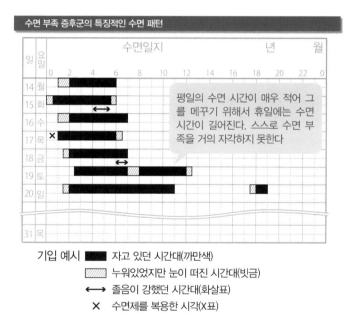

수면 부족 증후군의 특징적인 수면 패턴

평일의 수면 시간이 매우 적어 그를 메꾸기 위해서 휴일에는 수면 시간이 길어진다. 스스로 수면 부족을 거의 자각하지 못한다

기입 예시
- ■ 자고 있던 시간대(까만색)
- ▨ 누워있었지만 눈이 떠진 시간대(빗금)
- ⟷ 졸음이 강했던 시간대(화살표)
- ✕ 수면제를 복용한 시각(X표)

주요 증상은 야간의 수면 부족과 그로 인한 주간의 강한 졸음이지만, 수면 부족을 자각하지 못할 때는 잠이 잘 오지 않는 등 불면 증상을 호소하기도 한다. 시간에 여유가 있는 주말이나 휴가 때는 평소보다 오랜 시간 자다

가 자연스럽게 눈을 뜬다.

수면 부족으로 뇌의 작용이 떨어지고 강한 피로감과 권태감, 무기력, 의욕 저하, 침착하지 않음, 주의력 산만, 협조성 결여, 공격성 고조 등을 볼 수 있다. 또 식욕 부진이나 위장 장애, 근육통을 호소하기도 한다. 수면 부족 상태가 오래 지속되면 점차 불안감이 강해지고 우울증이 오기도 한다.

수면 부족 증후군에 걸리는 원인은 크게 세 가지가 있다.

수면 부족 증후군의 대표적인 증상

(1) 바빠서 잠을 잘 수 없다

일이나 공부를 위해 수면 시간을 줄일 수밖에 없는 정신없이 일하는 노동자나 수험생에게서 많이 볼 수 있다. 최근에는 아이를 키우면서 밖에 나가 일하는 기혼 여성도 많아졌다. 성격적으로는 완벽주의나 꼼꼼한 성격 등의 영향도 있는 듯하다.

(2) 밤새고 잠을 자려고 하지 않는다

'수면 시간=헛된 시간'이라고 생각하는 사람들로 TV나 인터넷, 문자, 게임 등을 하기 위해서 수면 시간을 줄이는 '수면 시간 절약파'와 가족이 일어나있어서 그런지 잠이 오지 않는다는 '각성 시간 낭비파'로 나뉜다.

(3) 장시간 잠을 자야 한다

하루 수면 시간이 10시간 이상 필요한 '장시간 수면자'나 일상적으로 필요한 수면 시간이 8~10시간인 '장시간 수면 경향자'는 일본의 평균 수면 시간인 7시간 20분을 자도 수면 부족이 된다.

수면 부족 증후군의 세 가지 원인 패턴

바쁨

밤샘

체질

새벽이 되어야 잠이 오고 아침에는 알람을 맞춰놔도 일어날 수 없다. 그래서 이불에서 나오는 시간은 항상 해가 중천에 떴을 무렵이 된다……

기나긴 방학 동안 생활 리듬이 깨져서 방학이 끝나고 학교나 일이 시작되어도 원래의 생활 패턴으로 돌아가지 못하기도 한다. 그런 사람은 수면 위상 지연 증후군이라고 하는 질환일지도 모른다.

수면 위상 지연 증후군은 '수면의 시간대가 원하는 시각보다 늦은 시간대에 지속적으로 고정되어있는 상태'를 말한다. 이 질환에 걸린 사람은 잠이 드는 것은 늦은 시각이지만 매일 거의 일정하며 일단 잠들면 푹 잘 수 있다. 수면 시간은 긴 경우가 많은 것 같다. 이 상태가 몇 개월~몇 년씩 계속되기 때문에 보통의 사회생활을 하기에는 상당한 불편이 발생하게 된다.

안타깝게도 늦어진 수면 시간대를 본인의 노력으로 앞당기는 것은 거의 불가능하다. 입학시험이나 연인과의 데이트가 있을 때조차 본인의 강한 의지에도 불구하고 아침에 일어나지 못한다. 그래서 아침부터 일정이 있는 경우에는 밤을 새워 대비할 때가 종종 있다.

무리해서 이른 시각에 일어나면 두통이 느껴지거나 머리가 무겁다, 식욕이 없다, 쉽게 피로하다, 집중할 수 없다, 졸리다 등의 증상이 나타난다. 그러나 이 증상들은 오전에만 있는 경우가 많아서 보통은 낮이 지나면 없어지고 저녁이 가까워지면 다시 증상이 나타나기 시작한다. 아침의 컨디션 불량이 계속되면 자신감이 없어진다, 기분이 우울해진다, 의욕이 없어지는 등의 우울 상태가 될 수도 있다.

수면 위상 지연 증후군은 사춘기부터 청년기에 발병하기 쉬운 질환이다. 일본의 고교생을 대상으로 한 조사에서는 0.4%에서 수면 위상 지연 증후군이 나타났고, 15~59세의 일반 시민을 대상으로 한 조사에서는 0.13%가 이

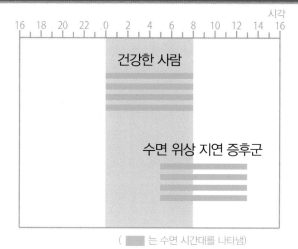

정상적인 경우와 수면 위상 지연 증후군의 수면 · 각성 패턴

시각

16 18 20 22 0 2 4 6 8 10 12 14 16

건강한 사람

수면 위상 지연 증후군

(■ 는 수면 시간대를 나타냄)

질환이라고 진단받았다. 또 미국에서는 수면장애 클리닉을 방문한 사람의 약 10%가 이 질환으로 진단되고 있다.

체내 시계 자체가 고장 나 있거나 체내 시계를 조정하는 작용이 잘 이루어지지 않아서 수면 위상 지연 증후군에 걸리는 것으로 보인다. 또 이 질환에 걸린 사람은 수면 시간이 긴 경우가 많아서 체내 시계를 리셋해야 하는 아침에 충분한 빛을 받지 못하는 점도 수면 시간대가 늦어지는 원인 중 하나이다.

긴 방학 동안 밤낮이 역전된 생활을 하고 있거나 수험 공부를 위해 밤늦게까지 깨어 있는 생활이 지속되면 수면 위상 지연 증후군이 발병하기 쉬워진다. 건강한 사람도 장기 휴가 후에는 생활 리듬이 무너질 수 있지만, 방학이 끝나면 원래대로 돌아간다. 하지만 이 질환에 걸리면 수면과 각성의 리듬이 원래대로 돌아가지 않게 된다.

등교 거부나 은둔형 외톨이, 우울증, 조현병 등으로 사회와의 접점이 줄어들거나 충분한 햇빛을 받지 않은 상태에서도 비슷한 증상을 일으킬 수 있다. 또 평균 10시간 이상 수면이 필요한 장시간 수면자는 아침에 햇빛을 받기 어렵기 때문에 체내 시계 리셋이 일어나지 않아서 수면 위상이 늦어질 수 있다.

수면 위상 지연 증후군이 있는 사람은 늦은 시간까지 깨어 있는 것에는 익숙하기 때문에 잠자는 시간을 더 늦추는 '시간 요법'이 효과적이다. 그리고 기상 시각도 매일 3시간씩 늦춰서 약 일주일 만에 목표하는 기상 시각을 맞출 수 있도록 한다. 바람직한 기상 시각이 되면 잠시 그 상태를 유지하고 습관화한다. 대부분 전문 의료기관에 입원해서 치료한다. 시간 요법은 매우

좋은 방법이지만, 효과가 1개월 정도밖에 지속되지 않을 수도 있다. 따라서 최근에는 고조도 광요법이나 멜라토닌 등을 조합해 치료하는 것이 일반적이다.

수면 위상 지연 증후군을 위한 시간 요법

① 전문기관에 입원

② 취침 · 기상 시각을 3시간씩 1주일 정도 들여서 옮김

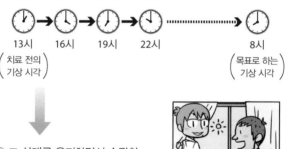

| 13시 | 16시 | 19시 | 22시 | 8시 |

(치료 전의
기상 시각)

(목표로 하는
기상 시각)

③ 그 상태를 유지하면서 습관화

18 수면 위상 전진 증후군

"새벽 3시쯤에 눈이 떠져서 수면제가 필요하다"라며 의료기관을 찾는 사람이 있다. 이럴 때 환자의 말을 귀담아듣지 않은 채 안이하게 수면제를 처방하는 것은 위험하다.

자신이 원하는 시각보다 2~3시간 일찍 눈을 뜨는 것은 조조 각성이라는 수면장애 중 하나이다. 그러나 이 경우에는 잠이 드는 시간을 확인해 두지 않으면 안 된다. 조조 각성을 호소하는 사람 중 특히 고령자에게 많으며 저녁 식사가 끝나면 바로 잠들어 버리는 사람이 있다. 오후 6시나 7시에 잠이 들기 때문에 이른 아침에 깨는 것은 어쩔 수가 없다.

이처럼 수면 시간대가 이른 시각에 고정되어 극단적으로 일찍 자고 일찍 일어나는 일이 일주일 이상 지속되는 것을 수면 위상 전진 증후군이라고 한다. 일반적으로는 저녁부터 밤의 이른 시각(18~20시)에 자고 이른 아침

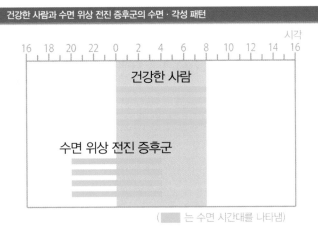

건강한 사람과 수면 위상 전진 증후군의 수면·각성 패턴

건강한 사람

수면 위상 전진 증후군

(▓ 는 수면 시간대를 나타냄)

(2~3시)에 각성하는 패턴을 취한다. 본인의 호소에서 많은 것은 이른 아침에 눈을 뜨고 잠을 잘 수 없게 되는 것과 저녁에 강력한 졸음이 찾아오는 것이다.

수면 위상 전진 증후군은 어린나 젊은 사람에게는 적고 나이가 들면서 빈도가 증가한다. 중장년층에서는 100명 중 1명 정도가 이 질환을 앓고 있다고 알려져 있다. 단 수면 위상 전진 증후군이 되어도 사회적으로는 악영향을 미치지 않기 때문에 실제로 의료기관에서 진찰받는 사람은 많지 않다.

수면 시간대가 어긋나는 원인은 생체 리듬이 나이가 들면서 짧아지는 것과 관계가 있다고 생각된다. 그래서 나이가 들면서 이 질환을 앓는 사람이 늘어나는 것 같다.

수면 리듬뿐만 아니라 체온 변화와 수면 호르몬(멜라토닌)의 분비 패턴도 어긋나는 경우도 종종 있다. 또 생체 리듬을 담당하는 시계 유전자의 이상이 원인이 되어 일어나는 가족성 수면 위상 전진 증후군 환자도 드물게 존재한다.

수면 위상 전진 증후군의 원인으로 보이는 패턴

나이가 들면서
나타나는 변화

체온이나 수면 호르몬, 멜라토닌의 분비량 변화

생체 리듬의 변화

¤ 수면 위상 전진 증후군에 대한 치료법

고조도 광요법은 눈으로 들어온 빛이 뇌에 있는 체내 시계를 조정하는 작용을 이용한다. 밤 취침 시각 전 2,500~1만 lx의 강한 빛을 받으면 수면·각성과 심부 체온, 멜라토닌 분비 등의 리듬이 늦어져서 극단적으로 일찍 자고 일찍 일어나는 증상이 가벼워진다. 또 이른 아침에는 선글라스를 사용하는 등 빛을 많이 보지 않으면 수면 시간대가 빨라지는 것을 예방할 수 있다.

멜라토닌은 '수면 호르몬'이라고도 불리며 멜라토닌의 뇌 내 농도가 높아지면 졸음이 밀려온다. 수면 위상 전진 증후군을 위한 멜라토닌 요법에서는 멜라토닌을 저녁에 복용함으로써 수면 시간대를 조금 늦추려고 시도하게 된다. 멜라토닌과 빛은 반대의 작용이 있어서 양쪽을 병용하면 효과가 높아진다.

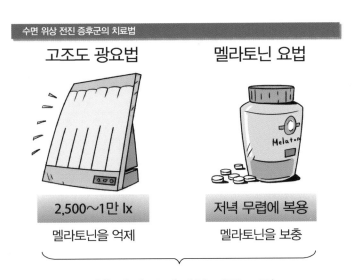

수면 위상 전진 증후군의 치료법

고조도 광요법　　　　**멜라토닌 요법**

2,500~1만 lx　　　　저녁 무렵에 복용

멜라토닌을 억제　　　　멜라토닌을 보충

병용해서 효과적인 리듬 조절

19 시차 장애

시차 적응을 수면 의학에서는 시차 장애라고 하는데 진단기준은 다음의 세 가지 항목이다.

1) 비행기에 타서 적어도 3시간 이상의 시차가 있는 장소로 여행을 갔을 때 불면증이나 과다수면을 자각
2) 여행 후 1~2일 이내 낮에 정신적 또는 육체적인 기능이 떨어지거나 전신이 무겁고 위장 장애 등의 신체 증상이 나타남
3) 그 수면장애는 다른 수면장애나 내과 또는 정신과 질환, 약물 사용 등으로는 잘 설명할 수 없음

시차 장애의 진단기준이 되는 3가지 항목

시차 장애로 인한 증상 중 가장 많은 것은 물론 수면장애이다. 조종사를 대상으로 한 조사에서는 67%의 사람들이 수면장애를 호소했다. 낮의 졸음이나 지적인 작업의 능률 저하, 피로감, 식욕 저하도 10명 중 1명 이상의 비율로 나타났다. 그 밖에도 멍하고 머리가 무겁고 위장 장애, 눈의 피로, 메스꺼움, 짜증 등의 증상이 발생한다.

철도나 배로 사람들이 이동하던 시대에는 아직 시차 문제가 없었다. 영어로 시차 장애를 'jet lag'라고 하는데 비행기로 세계를 여행할 수 있게 되면서 생겨난 비교적 새로운 문제이다.

그렇다면 시차 장애는 왜 일어날까? 빠른 속도로 시차가 있는 장소까지 이동하면 체내 시계와 현지 생활시간이 어긋나게 된다(외적 탈동조). 게다가 체내 시계가 제어하고 있는 체온이나 호르몬 분비, 수면 · 각성 리듬이 각각 따로 움직이게 되어서 증상을 악화시킨다(내적 탈동조).

시차 장애의 증상은 목적지에 도착한 직후가 가장 강하다고 생각되지만 실제로는 2~3일째가 가장 괴로울 수 있다. 외적 탈동조는 도착 직후가 가

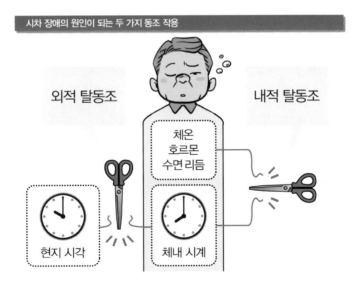

시차 장애의 원인이 되는 두 가지 동조 작용

외적 탈동조   내적 탈동조

체온
호르몬
수면 리듬

현지 시각   체내 시계

장 심하게 시간이 지남에 따라 해소되는 반면 내적 탈동조는 도착 2~3일 후에 가장 강해지는 것이 원인이다.

¤ 시차 장애 증상에 영향을 미치는 4가지 조건

시차 장애 증상에 영향을 주는 요인으로는 다음의 네 가지가 알려져 있다.

· 아침형과 저녁형

일찍 자고 일찍 일어나는 것이 특기이며 주로 오전에 활동하는 아침형 인간은 밤을 새우고 늦잠을 잔 후 저녁에 활동하는 저녁형 인간보다 시차 장애 증상이 강하다. 이는 아침형 인간의 체내 시계가 생활 리듬의 변화에 순응하기 어렵기 때문으로 생각된다.

· 나이

젊은 사람에 비해 중장년층은 시차로 인한 수면장애나 낮의 졸음 · 피로 감이 강해지고 수면 효율도 나빠진다. 시차로 인한 회복도 나이가 들수록 늦어지게 된다.

· 성격

신경질적인 사람이나 내성적인 사람은 시차 장애의 회복에 시간이 걸린다. 사람과 대화하거나 놀거나 혹은 일을 하면 생체시계의 조정이 빨리 진행된다. 내성적인 사람은 외향적인 사람에 비해 이러한 사회적 동조 인자가 적어지기 때문에 증상이 오래 지속되는 것이다.

· 비행의 방향

일본에서 하와이나 미국으로 향하는 것을 '동행(東行) 비행', 유럽 방면으로 가는 것을 '서행(西行) 비행'이라고 한다. 인간의 체내 시계는 하루가 약 25시간으로 지구의 하루보다 조금 길어서 동쪽행은 체내 시계의 조절이 어렵고 시차 장애 증상이 강하게 나타난다.

한편 서쪽행은 체내 시계의 조정이 쉬워서 증상이 가벼운 경우가 많다고 한다. 체내 시계가 시차를 조정할 수 있는 것은 동쪽으로 하루 1시간, 서쪽으로는 1시간 반 정도이다.

증상이 심한 사람의 특징

일찍 자고 일찍 일어나는 아침형

순응이 어려움

중장년

회복이 느림

내향적인 성격

동조가 일어나지 않음

동쪽 비행

체내 시계의 주기는
24시간보다 길기 때문

교대 근무나 심야 근무를 하는 사람은 지구의 밤낮 리듬과 각성 · 수면 리듬이 어긋나기 때문에 여러 가지 증상이 생기기 쉽다. 특히 근무 일정과 관련해 일시적으로 심한 졸음에 시달리거나 불면증을 호소하는 수면장애를 교대 근무성 장애(일명 하루 주기 리듬 수면장애-교대 근무형)라고 부른다.

일본의 교대 근무성 장애 빈도는 명확하지 않지만, 스웨덴에서 교대 근무자 1,100명을 대상으로 한 조사에 따르면, 잠이 잘 오지 않고 한밤중에 깨며 한 번 눈을 떠지면 다시 잠들지 못한다고 호소하는 사람이 주간 근무자와 비교해 심야 근무에서 6배나 많았다. 또 휴식감이 없는 사람도 6배, 근무 후 잠을 잘 때 소음이 신경 쓰이는 사람은 11배나 되었다. 수면 시간도 짧아서 평균적으로 4.3시간으로 주간 근무의 57% 정도밖에 되지 않았다.

교대 근무성 장애의 주된 원인은 체내 시계의 고장이다. 마치 비행기를 타고 해외여행을 갔을 때 일어나는 시차 적응이 야근이나 교대 근무 시에 매번 일어나고 있는 것과 같다.

일하는 시간에 맞추어 잠을 자거나 깨어나면 외부의 명암 리듬과 수면 · 각성 리듬이 어긋나게 된다. 인간은 수만 년 전부터 태양의 움직임에 맞춰서 생활해왔기 때문에 유전자상에서 이미 명암의 리듬과 수면 · 각성 리듬이 연결되어 있다. 이를 갑자기 바꾸려고 하면 신체 어딘가에 무리가 가는 것은 당연하다.

또 수면 · 각성 리듬은 의식적으로 바꾼다고 해도 체온이나 호르몬 분비 등 다른 생체 리듬은 외부의 명암 리듬에 맞춰져 있다. 그러면 깨어 있을 때 체온이 오르지 않고 필요한 호르몬의 혈중농도도 충분하지 않기 때문에 활기차게 일할 수 없다. 반대로 체온이 올라가서 잠들기 어려운 시간대에 잠을 자야 하므로 수면 시간이 짧아지고 숙면감도 나빠진다.

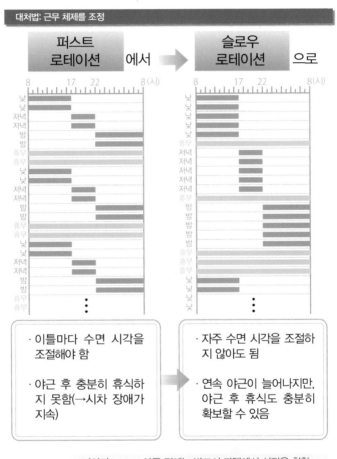

대처법: 근무 체제를 조정

퍼스트 로테이션 에서 ➡ 슬로우 로테이션 으로

·이틀마다 수면 시각을 조절해야 함

·야근 후 충분히 휴식하지 못함(→시차 장애가 지속)

➡

·자주 수면 시각을 조절하지 않아도 됨

·연속 야근이 늘어나지만, 야근 후 휴식도 충분히 확보할 수 있음

나아가… ·야근 전에는 반드시 자택에서 선잠을 취함
·휴무일 오전에는 야외에서 태양 빛을 쐼

일하는 사람이 해볼 수 있는 대처법

저녁 근무나 야근 체제를 바꿀 수 없을 때는 다음과 같은 점에 신경 써보기

| 근무 전 | 밤에 확보하지 못하는 수면을 사전에 보충 |

오전 5시까지는
50~120분의 낮잠

근무 직전의 졸음은 운동이나 음악, 세수→카페인 등으로 줄이기

| 근무 중 | 졸음으로 인한 사고나 능률 저하를 줄임 |

20~120분의 선잠

카페인을 섭취

| 근무 후 | 하루 주기 리듬의 갭을 다시 조절 |

오전 중에 3~4시간 수면

↓

오후 1시에는 일어나기

↓

밤에는 통상적인 취침 시간에 이불로 들어가기

강한 빛은 조절에 방해가 되므로 선글라스나 차광 커튼을 이용

일본뿐만 아니라 세계적으로도 '가위눌림'은 유령이나 생령, 악마, 마녀, 요정, 공상 속 생물 등이 일으키는 초자연 현상으로 여겨져 왔다. 하지만 최근에는 연구가 진행되어 수면 마비라고 하는 수면장애의 한 종류로 여겨지고 있다.

수면장애의 국제 분류에 따르면 평생 수면 마비를 경험할 확률은 40~50%라고 한다. 일본 조사에서도 40%의 사람이 적어도 한번은 경험한 것으로 나타났다. 한편 많은 학생을 대상으로 한 조사에서는 5%, 전 연령을 대상으로 한 조사에서도 6%라는 낮은 발생률이라는 연구 결과도 있다. 기면증(73페이지) 등 뚜렷한 질병이 없는데도 수면 마비를 반복하는 상태를 반복성 단발 수면 마비라고 한다.

수면 마비가 일어났을 때 뇌는 깨어 있다. 그런데 근육은 완전히 느슨해져 있고 몸은 아직 잠든 상태이다. 꿈을 꾸는 경우가 많은 렘수면 중에는 근육은 움직이지 않지만 뇌는 상당히 활동하고 있다. 이때 뇌만 완전히 깨버리면 수면 마비가 일어나는 것이다.

수면 마비가 일어나는 동안에는 근육 대부분을 움직일 수 없지만 눈꺼풀은 약간 움직일 수 있다. 호흡하기 위한 근육은 평소대로 움직이고 있지만 가슴을 압박하는 느낌이나 답답함을 느끼는 경우가 잦다. 이상한 것이 보이거나 들리는 환각은 25~75%의 사람들이 경험한다.

수면 마비는 몇 초~몇 분 동안 지속되고 그 후 자연스럽게 몸이 움직여진다. 다른 사람이 몸을 만지거나 말을 걸거나 혹은 본인이 강하게 움직이려고 해서 수면 마비가 끝날 수도 있다. 처음 수면 마비를 겪은 사람은 강한 공포감이나 불안감을 느끼지만, 몇 번 반복하다 보면 싫은 감정이 사라지거나 체험을 즐기는 사람도 있다.

¤ 수면 마비 예방법

수면의 질이 나쁘거나 수면 시간이 부족하거나 낮에 잠을 자는 습관이 있으면 수면 마비에 걸리기 쉬운 것으로 알려져 있다. 이는 수면의 후반부에 많이 나타나는 렘수면이 잠들자마자 나타나는 것과 관계가 있다. 건강한 사람을 수면 중에 강제로 깨운 실험에서는 다시 잠들었을 때 렘수면이 나타나고 수면 마비도 동시에 일어났다.

또 시차 장애를 겪고 있을 때 체내 시계를 갑자기 리셋하려고 하면 수면 마비가 일어날 수도 있다. 등을 대고 누워서 잘 때도 수면 마비가 일어나기 쉽다. 정신적 스트레스가 큰 원인이라고도 생각되지만, 관계가 없다는 연구도 있다. 성격으로는 편집적이거나 망상적인 성격 경향이 있는 사람에게 많은 것 같다. 조울증이나 정신 안정제의 사용, 야간 하지 경련과 연관이 있다는 연구 결과도 있다.

수면 마비의 횟수가 많고 정신적인 영향이 큰 경우에는 치료가 필요하다. 대부분 수면 마비는 초자연 현상이 아니라 과학적으로 설명할 수 있는 메커니즘으로 일어난다는 사실을 이해하면 고민이 해소된다. 침실의 환경을 잘 조성하고 생활 습관을 고쳐 수면의 질을 좋게 하거나 충분한 수면 시간을 확보하는 것도 중요하다. 치료제로는 삼환계 항우울제가 처방될 수 있다.

낮에 수면을
취하지 않기

엎드려서 자기

침실 환경을 잘 조성하기

「악몽」 요한 하인리히 퓌슬리(1781년)

22 악몽 장애

잠들어 있을 때만큼은 싫은 일이나 슬픈 일이 많은 현실 세계에서 벗어나 즐거운 꿈을 꾸고 싶다. 하지만 꿈의 세계에서도 마음이 흐트러지고 강한 두려움이나 불안감 때문에 잠에서 깨어날 수 있다. 이러한 악몽이 계속되어 수면장애를 일으키면 악몽 장애로 진단된다. 악몽 장애로 깨어났을 때는 꿈의 내용을 기억하고 자세히 이야기할 수 있다. 그러다 진정이 돼서 다시 잠을 자려고 하면 '또 아까 봤던 악몽을 꾸지 않을까?' 하는 두려움이 피어나 좀처럼 잠들지 못한다.

악몽은 제법 있을 법한 내용으로 눈앞에 닥친 위험이나 고민이 주제가 되는 것이 일반적이다. 정경이 생생하고 꿈이 전개되면서 불안과 공포, 분노, 당혹감, 혐오감 등이 더해진다.

악몽을 꾸는 나이의 정점은 6~10세로 성장과 함께 횟수는 줄어들지만, 평생 악몽이 지속되기도 한다. 부모를 괴롭힐 정도의 악몽은 3~5세 아동의 10~50%가 꾼다. 성인 중에서도 가끔 악몽을 꾸는 사람이 50~80%나 된다. 일반 인구의 2~8%가 악몽으로 인한 문제로 고민한다고도 한다.

어렸을 때는 남녀 차이가 없지만 사춘기 이후가 되면 여성 쪽이 악몽을 자발적으로 호소하는 경우가 많다. 쌍둥이를 대상으로 한 연구에 따르면 쌍둥이는 둘 다 악몽을 꿀 확률이 높다고 한다.

¤ 악몽을 꾸기 쉬운 타입

악몽을 꾸는 원인으로 성격과 마음의 상처, 정신질환, 약제가 알려져 있다. 성격적으로는 예민한 사람이나 관대한 사람, 예술적·창조적인 사람이 악몽을 꾸기 쉽다는 연구가 있는데 성격과는 관계가 없다는 연구도 있다. 생명이 위험할 만큼의 사건·사고로 인해 일어나는 외상 후 스트레스 장애에서는 80%의 사람이 그 사건과 관련된 악몽을 3개월 이내에 꾸게 되고, 절반은 그 후 3개월 이내에 악몽이 줄어들지만 평생 지속되는 사람도 있다.

정신질환은 조현병과 관련이 있다는 연구가 있지만, 관계가 없다는 연구도 있다. 악몽을 일으키기 쉬운 약에는 카테콜아민 작동성 약제와 베타 차단제, 항우울제, 수면제, 알코올 등이 있다. 항우울제 중 플루옥세틴에서는 악몽을 꾸는 횟수가 늘고 파록세틴과 플루복사민에서는 악몽이 떠오르는 횟수는 줄어들지만, 꿈의 강렬함이나 기묘함이 증가할 수 있다. 삼환계 항우울제나 바르비투르산 계통의 수면제, 알코올을 장기간 연달아 사용한 후에 갑자기 끊으면 이탈 증상으로 악몽을 꾸는 경우가 자주 있다.

이런 사람은 악몽을 꾸기 쉬움

성격적인 요인

PTSD 등의 정신적 질환

항우울제나
수면제의 부작용

¤ 악몽 장애의 치료법

악몽 장애의 치료로는 인지행동요법이나 EMDR(49페이지), 최면 요법 등이 이루어지고 있다. 인지행동요법에서는 악몽의 원인이 되는 스트레스 대처법을 배우거나 악몽을 꾸어도 필요 이상으로 강하게 반응하지 않는 방법을 배우기도 한다. 최면 요법은 최면을 통해 잠재의식에 접근해서 악몽의 원인을 찾고 문제를 해결·해소하고자 하는 것이다.

악몽 장애와 비슷한 증상을 일으키는 질환	
수면 관련 간질	뇌파로 특유의 간질파가 나옴
각성 장애	악몽을 꾸지 않음
야경증	꿈이 기억나지 않음, 착란상태가 됨(어린이)
렘수면 행동 장애	폭력적인 행동, 야간의 부상(중년 이후)
기면증	낮의 돌발적인 수면, 강한 감정으로 인한 탈력 발작
수면 중 공황장애	잠들고 약 4시간 후에 일어남
급성 스트레스 장애	명백한 스트레스의 원인이 있음
심적 외상후스트레스 장애	생명이 위험했던 경험이 있음

23 폭발성 머리 증후군

잠을 자려고 꾸벅꾸벅 졸고 있을 때 갑자기 '쾅!'하고 큰 폭발음이 들리면 깜짝 놀라서 잠을 못 이루게 된다. 신기하게도 잠들려고 할 때나 한밤중에 문득 눈을 떴을 때 머릿속에서의 폭발음이나 무언가가 폭발한 감각에 시달리는 사람들이 있다. 이런 상태를 폭발성 머리 증후군이라고 부른다.

폭발성 머리 증후군은 비교적 새로운 질환으로, 제대로 정리된 증례 연구는 1988년 영국 피어스가 10명의 환자를 대상으로 한 것이 최초이다. 그는 나중에 50명의 사례 연구 결과도 발표했지만, 일반적으로는 상당히 드문 병이다.

머릿속에서 울리는 소리는 사람마다 달라서 큰소리로 쾅 하는 물건이 부딪히는 소리나 폭탄 폭발음, 천둥소리, 심벌즈를 치는 소리 등으로 표현된다. 이 폭발음은 아무런 흔들림 없이 일어나 통증 없이 순식간에 끝나지만, 환자에게는 매우 꺼려지고 두려운 체험인 듯하다. 플래시와 같은 강한 빛을 느끼거나 추락하는 듯한 신체의 감각을 동반하는 사람도 있다.

폭발음이 일어나는 횟수는 다양해서 일생 몇 회에 그치는 사람부터 며칠 밤 연속적으로 일어났다가 잠시 조용해지기를 반복하는 사람도 있다. 이렇게 발작이 장기간에 걸쳐서 계속되면 불면증이 올 수 있다.

머릿속에서 왜 큰 소리가 들리는지 원인은 아직 밝혀지지 않았다. 편두통과 발작의 관계로 미루어볼 때 폭발음은 편두통의 전조가 아닐까 생각하는 연구자도 있다. 워낙 드문 질병이기 때문에 원인과 메커니즘을 밝히기까지는 시간이 걸릴 것 같다.

50년 이상 폭발성 머리 증후군을 겪고 있는 사람이 있다는 점을 보면 직접적으로 생명과 관련된 질환은 아닌 것 같다. 결정적인 치료법은 아직 없지만, 이 질환은 나쁜 것이 아니라 생리적인 현상에 가깝다고 설명해서 안

심시키면 발작이 자연스럽게 없어지거나 발작이 일어나도 놀라지 않게
된다.

폭발성 머리 증후군의 이미지

원래 편두통이 있는 사람이 이 질환에 걸리면 발작 사
이에 편두통이 악화하기도 합니다. 또 폭발음 후에 수
면 마비(가위눌림)가 일어나 그 후에 편두통을 느끼는
사람도 있었습니다

24 하지불안증후군

　생소한 질환이지만 사실은 은근히 환자 수가 증가하고 있는 불면증 중에 하지 불안 증후군(restless legs syndrome)이라는 질환이 있다. 저녁부터밤, 특히 이불 속으로 들어가 잠이 들려는 순간에 다리가 근질근질해서 잠을 잘 수 없는 게 특징이다. 만약 당신이 수면 파트너로부터 '잠을 자고 있을 때 다리를 자주 움직인다'라는 말을 듣고 있다면 이 질환일 가능성이있다.

　다음과 같은 증상이 있으면 하지 불안 증후군이라고 진단한다.

· 이상 감각 때문에 다리를 움직이고 싶은 욕구가 강함

　주로 종아리와 발등, 발바닥에 통증과 불쾌함을 느낀다. 이상 감각은 사람마다 달라서 벌레가 기어가는 느낌, 근질근질함, 가려움, 화끈거림 등으로 나타난다.

· 수면 중에 진정이 안 되고 다리를 움직임

　다리가 불쾌해서 견디기 힘든 이상 감각은 다리를 움직이거나 바닥에 문지르고 혹은 다리를 차갑게 하면 편안해진다. 그래서 수면 중에 무의식적으로 다리를 움직이게 된다.

· 이상 감각은 안정을 취하고 있으면 심해지고 다리를 움직이면 가벼워짐

　수면 중이 아닌 시간에도 이상 감각이 엄습한다. 깨어 있을 때도 눕거나앉거나 해서 다리를 움직이지 않으면 불쾌한 느낌이 생기고 다리를 움직이면 그 감각은 사라진다.

입면 시나
누워있을 때

좌석에 가만히
앉아있어야만 할 때

전기가 흘러

벌레가 기어 다녀

화끈거려

다리를 들어 올리고 싶어

탄산이 올라와

하지만 무언가에 집중해있을
때는 증상이 약해지는 경향
이 있다고 합니다

· 증상은 반드시 저녁부터 밤에 심해짐

근질근질한 느낌 때문에 잠이 잘 오지 않고 숙면도 취하지 못해서 한밤
중에 자주 깨고 그 후에는 잠을 잘 자지 못한다. 한밤중~새벽이 되어야 비

로소 이상 감각이 가벼워졌다가 사라진다. 불면보다 낮 동안 졸음이 강하게 나타나는 사람도 있다.

✿ 하지 불안 증후군과 다른 질환과의 관계

하지 불안 증후군 환자의 60~80%는 수면 중에 한쪽 혹은 양쪽 다리 관절을 주기적으로 구부렸다 폈다 하는 주기성 사지 운동 장애를 합병하고 있다. 게다가 빈혈이나 신부전, 심부전, 류머티즘 관절염, 파킨슨병 환자도 하지 불안 증후군을 일으키기 쉬운 것으로 알려져 있다.

하지 불안 증후군은 수면장애 중 정신생리성 불면증이나 수면 무호흡증에 이어 유병률이 높아 일본인의 2~3%가 걸려 있는 것으로 보인다. 대부분 유전과 관계없이 병에 걸리지만, 드물게 유전으로 인한 것으로 보이는 가족성 하지 불안 증후군인 경우가 있다. 또 다양한 신체 질환으로 인해 일어나는 속발성과 원인 불명의 특발성이라는 분류법도 있다.

속발성 하지 불안 증후군의 원인이 되는 질환으로는 철 결핍성 빈혈이나 엽산 결핍, 당뇨병, 만성 신부전, 파킨슨병, 류머티즘 관절염, 하지정맥류, 암, 고콜레스테롤혈증 등이 있다. 특히 고령자나 임신 중인 여성은 하지 불안 증후군에 걸리기 쉬우므로 주의가 필요하다. 알코올이나 카페인, 항정신병약이 유인이 되는 경우도 있다.

뇌 속에서 도파민이라는 물질이 잘 만들어지지 않는 것이 특발성 하지 불안 증후군의 원인으로 추측된다. 도파민은 파킨슨병과도 관련이 있는 뇌내 신경 전달 물질이다. 이 도파민을 만드는 데 필요한 철분이나 엽산이 부족해 도파민의 농도가 낮아져서 근질거리거나 자신도 모르게 다리가 움직여 버리는 것이다.

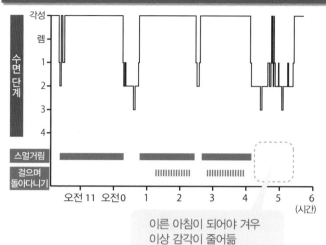

하지불안증후군의 수면 경과도(이나미, 2008년)

이른 아침이 되어야 겨우
이상 감각이 줄어듦

하지 불안 증후군의 환자가 실천하는 증상 개선법

발을 들어올리기

두드리기, 문지르기

발을 비비기

걸으며
돌아다니기

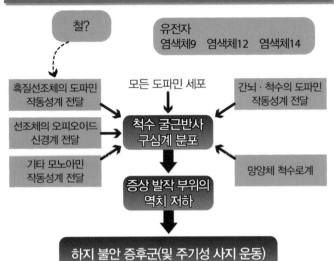

하지 불안 증후군이 생기는 메커니즘

철?

유전자
염색체9　염색체12　염색체14

흑질선조체의 도파민
작동성계 전달

모든 도파민 세포

간뇌·척수의 도파민
작동성계 전달

선조체의 오피오이드
신경계 전달

**척수 굴근반사
구심계 분포**

기타 모노아민
작동성계 전달

망양체 척수로계

**증상 발작 부위의
역치 저하**

하지 불안 증후군(및 주기성 사지 운동)

철 대사 장애, 유전의 영향이 중요할 가능성과 선조체의 오피오이드 신경계 전달 이상이 중요할 가능성이 있음

아직 의사들 사이에서도 널리 알려지지 않은 하지 불안 증후군

'하지 불안 증후군을 아는가?'
(일본 의사 280명)

일반인을 위한 계몽 활동과 의사를 대상으로 한 인지도 향상이 중요합니다

담당 분야	YES	NO
신경내과	86%	14%
정신과	64%	36%
내과	35%	65%
피부과	25%	75%
성형외과	22%	78%

일본 베링거인겔하임 조사(2009년 가을)

25 주기성 사지 운동 장애

　잠든 사이에 다리를 리드미컬하게 움직이는 사람이 있다. 주로 다리 관절을 일으키는 움직임인데 무릎이나 고관절까지 구부리는 사람도 있다. 지속시간은 0.5~5초간이며 20~40초 정도의 간격으로 발생하는 것이 일반적이다. 이를 주기성 사지 운동이라고 부른다. 다리를 움직일 뿐 수면에 문제가 생기지 않는다면 신경 쓰지 않아도 되는데, 이것이 원인이 되어 수면장애가 일어나면 '주기성 사지 운동 장애'라는 진단명이 붙는다.

　주기성 사지 운동 장애 환자는 불면이나 과다수면을 호소한다. 본인이 발의 움직임을 자각하고 있는 경우도 있지만, 대부분은 수면 파트너나 동거 가족으로부터 지적받은 다음에야 비로소 깨닫게 된다. 주기성 사지 운동의 빈도는 젊은 사람은 그 빈도가 낮고 나이가 들면서 증가해 60세 이상의 34%에서 볼 수 있다는 연구 결과도 있다.

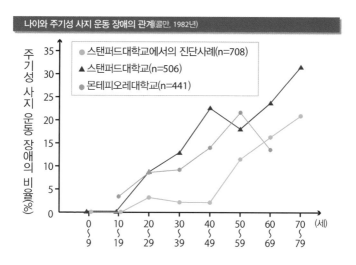

나이와 주기성 사지 운동 장애의 관계(콜만, 1982년)

주기성 사지 운동 장애의 비율(%)

● 스탠퍼드대학교에서의 진단사례(n=708)
▲ 스탠퍼드대학교(n=506)
● 몬테피오레대학교(n=441)

✿ 주기성 사지 운동 장애의 진단은 어렵다

불면증 환자 중 주기성 사지 운동 장애의 비율은 1~15%로 연구 결과의 차이가 큰 편이다. 수면장애를 전문으로 하지 않는 일반 의료기관에서는 진단이 어려운 경우가 많고 수면제의 효과가 미미한 원인 불명의 만성 불면증 혹은 과다수면증으로 적절한 치료를 받지 못하는 경우가 종종 있다. 또 기면증이나 수면 무호흡증, 하지 불안 증후군과 합병하는 경우도 흔하다.

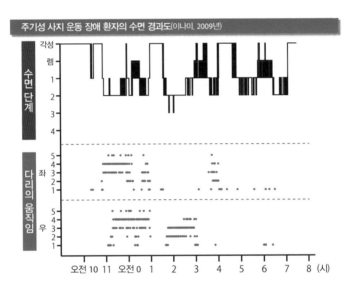

주기성 사지 운동 장애 환자의 수면 경과도(이나미, 2009년)

주기성 사지 운동은 좌우의 하지에 나타날 때도 있고 어느 한쪽에만 나타나는 때도 있어서 일정하지 않습니다

✿ 주기성 사지 운동 장애의 원인

수면 중 다리가 움직이는 원인으로 뇌의 신경전달물질인 도파민의 기능 저하가 거론된다. 주기성 사지 운동은 마찬가지로 도파민계 신경의 기능 저하가 원인으로 보이는 하지 불안 증후군에 합병하기 쉽고 도파민을 투여하면 치료 효과를 얻을 수 있다는 점, 반대로 도파민을 차단하는 작용이 있는 약제를 투여하면 다리 운동이 나타나는 것으로 추측되고 있다.

또 주기성 사지 운동과 연동되어 혈압이 상승하거나 심박수가 증가할 수 있기 때문에 다리 운동의 주기성은 교감신경 활동의 변동으로 인해 일어나는 것이 아닌가 하는 생각도 든다.

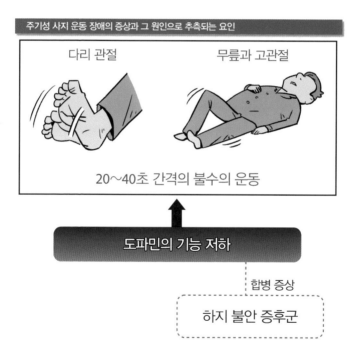

주기성 사지 운동 장애의 증상과 그 원인으로 추측되는 요인

다리 관절 　　　　　 무릎과 고관절

20~40초 간격의 불수의 운동

도파민의 기능 저하

합병 증상

하지 불안 증후군

한밤중에 갑자기 다리 근육이 뭉쳐서 통증 때문에 눈을 뜨는 경우가 있다. '쥐' 혹은 '경련'이라고 불리는 증상으로, 가끔이라면 체념도 가능하겠지만 만성화되면 수면 관련 다리 경련이라는 수면장애로 발전한다.

하퇴부에서는 뒤쪽 종아리에 있는 근육(비복근이나 가자미 근육)이 경련하는 경우가 많고 발가락을 움직이는 근육도 쥐가 날 수 있다. 일본어로 종아리를 '고무라'라고 부르기 때문에 일본어로는 '고무라가에리(종아리 경련)'라는 이름이 붙었다. 근육의 수축은 2~3초에서 몇 분 안에 끝나지만 그 후 30분 정도는 통증이나 불쾌감, 피로감이 남을 수 있다.

수면 중 경련을 일으킬 확률은 남녀 차이가 없으며 보통 건강한 사람의 16% 정도가 경험한다. 나이가 들면서 쥐가 나기 쉽고 50세 이상인 성인은 생애 한 번씩은 경험한 적이 있다고 보고되고 있다. 또 60세 이상의 33%, 80세 이상에서는 절반이 두 달에 한 번은 쥐가 나는 증상을 경험하고 60세 이상의 6%가 매일 밤 경험하고 있다고 한다. 한편 어린이나 젊은이는 7% 밖에 일어나지 않는다. 다만 임신하면 40%가 경험하고 대부분 사람이 출산 후에는 증상이 가벼워진다.

경련이 난 후의 통증은 주로 근육 내에 노폐물이 쌓이거나 혈류가 나빠지기 때문인데 무리하게 근육을 스트레칭하면 부분적인 근육 파열이 일어날 수도 있다. 경련이 일어나면 그때 깨버리기 때문에 전체 수면 시간이 짧아진다. 눈을 뜨지 않아도 잠이 얕아져 버린다.

건강한 사람이라도 과격한 운동이나 수영, 장시간 보행 등을 하면 근육이 손상되거나 피로물질이 근육에 쌓이면서 근육이 수축하기 쉬운 상태가 되기 때문에 밤에 경련이 나타난다.

· 당뇨병

· 간 경변 등의 간 질환

· 체액 · 전해질의 이상

· 내분비 질환(부갑상샘 기능저하증, 갑상샘기능저하증 등)

· 신경근질환(근위축성측색경화증 등)

· 관절염

· 척수질환(요통 척추협심증 등)

예방 및 대책

종아리
근육의
경련

보습

스트레칭, 마사지

근이완제, 항간질제, 마그네슘, 비타민E, 한방약

제3장

불면이 일상에 미치는 영향

사람은 각자 다양한 수면 스타일을 가지고 있다. 수면 시간이 평균보다 짧아도 아무렇지 않은 사람. 평균보다 길어도 항상 졸음을 호소하는 사람……. 스스로는 수면 시간이 적절하다고 생각해도 실제로는 일상생활이나 일에 지장이 생기고 있는 예도 있다.

피부미용에 수면이 중요하다는 사실은 널리 알려졌지만 질 좋은 수면은 다이어트에도 꼭 필요하다. 해외의 연구 결과에 따르면 비만도는 7~8시간 자는 사람이 가장 낮고, 그보다 수면 시간이 짧거나 길면 비만도가 높아진다. 수면 시간에 따른 차이를 살펴보면 5시간 자는 사람은 비만율이 50% 오르고 4시간 이하로 자면 무려 73%나 상승하게 된다.

일본인의 건강 진단 데이터를 분석한 연구에서도 비슷한 결과가 나왔다. 약 2만 명의 일본인 남성을 대상으로 평균 수면 시간과 비만이 되기 쉬운 정도를 조사한 결과, 수면 시간이 5시간 이상인 사람에 비해 5시간 미만인 사람은 비만이 되기 쉬운 것으로 나타났다.

왜 수면 시간이 짧으면 비만이 되기 쉬운 것일까? 바로 '렙틴'과 '그렐린'이라는 호르몬의 균형이 깨지기 때문이다. 렙틴은 지방 세포가 분비하는 식욕을 억제하는 호르몬이다. 한편 그렐린은 위에서 만들어지는 호르몬으로 식욕을 증진하는 작용을 한다.

수면 시간이 짧으면 포만 호르몬인 렙틴이 줄어들고 공복 호르몬인 그렐린이 늘어나게 된다. 수면 시간이 5시간인 사람은 8시간인 사람에 비해 렙틴이 16% 적고 그렐린이 15%나 늘었다. 즉 수면 시간이 짧은 사람은 식욕이 더해져서 살찌기 쉬운 몸이 되어 버린다는 말이다. 게다가 그렐린이 많으면 고지방 음식이나 고칼로리 음식을 선호하게 된다. 이처럼 수면이 부족하면 식욕이 증가하고 식사량이나 식사를 할 기회가 증가함으로써 몸에 여분의 지방을 축적하게 되는 것이다.

수면 부족은 다이어트의 강력한 적이지만 충분히 자면 체중 조절도 잘된다. 수면 시간을 줄이는 실험이 끝난 후에 이틀 동안 계속해서 10시간씩 잠을 잔 결과, 식욕과 관련된 호르몬이 정상치로 돌아왔다. 공복감과 식욕의 강도를 나타내는 수치도 약 25% 감소했다. 잠자는 시간을 줄여서 다이어트에 힘쓰는 사람이 있지만, 제대로 자는 것만으로 다이어트가 된다는 사실을 모른다니 안타까운 일이다.

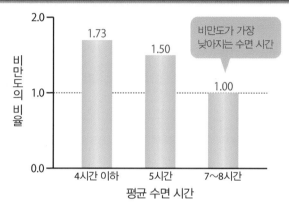

수면 부족이 비만에 미치는 영향

비만도의 비율

2.0

1.73

1.50

비만도가 가장
낮아지는 수면 시간

1.00

1.0

0.0

4시간 이하　　5시간　　7~8시간

평균 수면 시간

수면에 문제가 생기면 일상생활 중에서도 많은 장애가 발생합니다

여러분의 고민이나 사고 소식도 사실은 수면과 관련된 것일지도 모르니 제3장의 내용을 참고해보시기 바랍니다

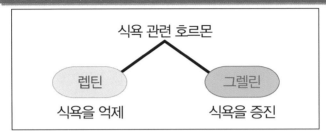

식욕 관련 호르몬

렙틴	그렐린
식욕을 억제	식욕을 증진

공복감의 핵심인 두 가지 호르몬. 그 혈중농도는 수면 시간에 의해 크게 변화한다

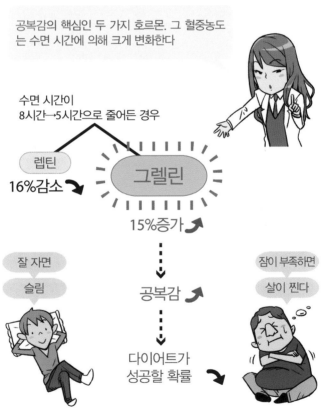

수면 시간이
8시간→5시간으로 줄어든 경우

렙틴
16%감소

그렐린
15%증가

잘 자면
슬림

공복감

잠이 부족하면
살이 찐다

다이어트가
성공할 확률

02 당뇨병

　불면증이나 수면 부족이면 비만이 될 뿐만 아니라 당뇨병에도 걸리기 쉬워진다. 미국이나 유럽에서 6,000명 이상의 중년 남성을 대상으로 15년간 실시한 추적 조사에서는 불면증이 있는 사람이 없는 사람에 비해 당뇨병이 발병할 위험이 1.5배로 상승했다.

　일본에서 실시한 조사에서도 같은 사실이 밝혀졌다. 당뇨병에 걸리지 않은 남성 2,649명을 8년간 추적한 결과, 잠이 잘 오지 않는 사람(입면 장애군)은 그렇지 않은 사람에 비해 당뇨병 발병 위험이 3.0배가 되었고, 한밤중에 눈을 뜨는 사람(중도 각성군)은 그렇지 않은 사람에 비해 2.3배로 상승하는 것으로 나타났다.

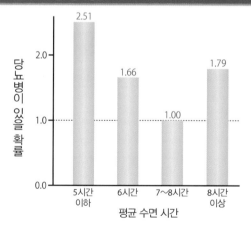

평균 수면 시간과 당뇨병 유병률(고트리브, 2005년)

　수면 시간과 당뇨병의 발병률에도 관련이 있다. 1,486명의 일반인을 대상으로 평균 수면 시간과 당뇨병의 관계를 조사한 연구에서는 수면 시간이 7~8시간인 사람의 당뇨병 유병률을 기준으로 하면 수면 시간이 6시간 이하인 사람은 1.7배, 5시간 이하에서는 2.5배로 상승한다. 반면 수면 시간이 길어도 당뇨병인 사람이 많아서 9시간 이상 잠든 사람에서는 1.8배가 되었다.

수면 시간이 5시간 이하인 사람을 불면증의 유무로 두 그룹으로 나눠봐도 두 그룹 사이의 당뇨병 발병 위험에는 뚜렷한 차이가 없었다. 이 말은 불면증이라는 병 때문에 수면 시간이 짧아진 사람뿐만 아니라 일이나 공부, 취미 등을 위해서 수면 시간을 줄이고 있는 사람도 마찬가지로 당뇨병에 걸리기 쉽다는 것을 보여준다.

당뇨병의 중증도를 나타내는 혈액 검사로는 헤모글로빈 A1c(HbA1c)가 있다. 당뇨병 환자 161명을 대상으로 수면 부족과 헤모글로빈 A1c의 관계를 조사한 연구에서는 수면 시간이 짧아질수록 헤모글로빈 A1c가 높아지는, 즉 당뇨병이 악화된 것으로 나타났다. 단시간 수면은 당뇨병에 걸리기 쉬울 뿐만 아니라 당뇨병의 진행도 앞당긴다는 의미이다.

수면 시간이 평균이고 젊고 건강한 남성 11명을 6일간, 수면 시간을 4시간으로 제한한 실험한 결과에 따르면, 수면 시간을 단축해도 췌장에서 분비되는 인슐린의 양은 변화가 없었는데 식후 혈당이 상승했다. 이는 온몸의 세포에서 인슐린을 잘 활용할 수 없게 되었기 때문이다. 혈액 속 포도당을 대사하는 능력을 '내당능(耐糖能)'이라고 하는데, 4시간 수면을 불과 4일밤에 지속하지 않았는데도 20대 청년들의 내당능이 70대 수준으로 떨어지게 되었다.

지금까지의 연구를 통해 '수면 부족이나 불면→ 낮의 활동성이 떨어지거나 교감신경이 우위가 된다→ 인슐린의 작용을 방해하는 카테콜아민이나 코르티솔 등의 호르몬 분비가 증가한다→ 세포에서의 인슐린 작용이 약해진다(인슐린 저항성)→ 혈당치가 올라간다→ 혈당을 낮추려고 췌장이 과도하게 노력한다→ 췌장이 피로해져 인슐린을 속이지 못하게 된다→ 점점 혈당치가 올라간다→ 당뇨병에 걸린다'와 같은 메커니즘이라고 생각된다.

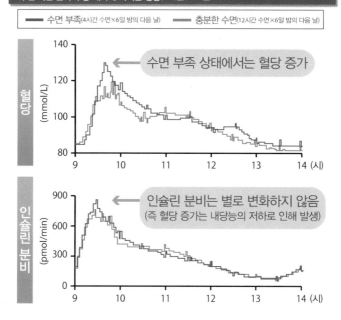

수면 시간 단축이 당 대사에 미치는 영향(스피겔, 1999년)

━━ 수면 부족(4시간 수면×6일 밤의 다음 날) ━━ 충분한 수면(12시간 수면×6일 밤의 다음 날)

혈당
(mmol/L)

수면 부족 상태에서는 혈당 증가

인슐린 분비
(pmol/min)

인슐린 분비는 별로 변화하지 않음
(즉 혈당 증가는 내당능의 저하로 인해 발생)

긍정적인 뉴스도 있다. 불면증 치료를 제대로 하면 당뇨병도 좋아진다는 데이터가 일본인 연구에서 밝혀졌다. 불면증(특히 입면 곤란)을 합병한 당뇨병 환자로 초단시간 작용형 수면제를 반년간 먹은 그룹(수면제군)과 불면증 치료를 받지 않은 그룹(대조군)을 비교한 결과, 대조군에서는 헤모글로빈 A1c가 0.12% 악화된 반면 수면제군에서는 0.47% 개선되어 두 그룹 사이에 뚜렷한 차이가 있었다. 그야말로 일거양득의 효과인 셈이다.

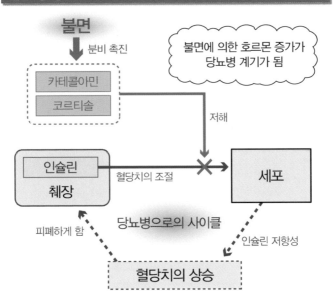

불면이 당뇨병을 일으키는 메커니즘

불면

분비 촉진

카테콜아민
코르티솔

불면에 의한 호르몬 증가가
당뇨병 계기가 됨

저해

인슐린
췌장

혈당치의 조절

세포

피폐하게 함

당뇨병으로의 사이클

인슐린 저항성

혈당치의 상승

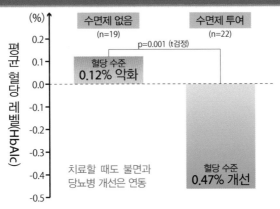

불면이 있는 당뇨병 환자의 수면제 투여 유무와 헤모글로빈 A1c 변화
(쇼지, 2004년)

평균 혈당 레벨(HbA1c)

(%)

수면제 없음
(n=19)

수면제 투여
(n=22)

p=0.001 (t검정)

혈당 수준
0.12% 악화

0.2
0.1
0.0
-0.1
-0.2
-0.3
-0.4
-0.5

치료할 때도 불면과
당뇨병 개선은 연동

혈당 수준
0.47% 개선

　일본을 비롯한 유럽과 미국에서도 수면 시간은 짧아지는 한편 고혈압 환자는 계속 증가하고 있다. 최근에는 수면장애와 고혈압 사이에 깊은 관계가 있다는 것을 알게 되어 불면이 난치성 고혈압의 원인 중 하나로 여겨지고 있다.

　갠지스는 2006년에 25~74세의 혈압이 정상인 4,810명을 8~10년간 추적 조사한 결과를 보고했다. 이 기간에 647명에게 고혈압이 발병했다. 수면 시간과 고혈압의 관계에서는 32~59세에서 평균 수면 시간이 5시간 이하인 사람들이 고혈압에 걸리기 쉬운 것으로 나타났다. 즉 젊은 사람이나 고령자는 수면 시간이 약간 짧아도 고혈압이 되기 어렵지만 중년층은 수면이 부족하면 고혈압이 되기 쉽다는 말이다.

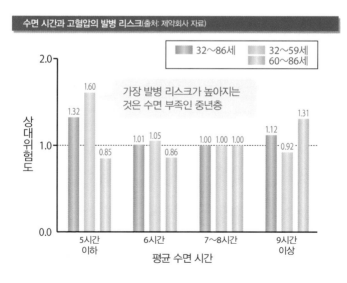

수면 시간과 고혈압의 발병 리스크(출처: 제약회사 자료)

가장 발병 리스크가 높아지는 것은 수면 부족인 중년층

2007년에 발표된 '화이트홀Ⅱ연구'에서는 남녀의 차이도 드러났다. 47~67세의 일반 주민 5,766명을 조사한 결과, 수면 시간이 5시간 이하인 여성은 7시간인 사람에 비해 고혈압인 비율이 1.7배 많았다. 하지만 남성에게서는 이러한 경향을 찾을 수 없었다.

같은 연구에서 혈압이 정상인 3,691명을 5년간 추적 조사한 결과, 대상자의 20%에서 고혈압이 발병했다. 여성의 경우, 수면 시간이 7시간인 사람에 비해 수면 시간이 6시간인 사람은 고혈압에 걸릴 위험이 1.6배, 5시간 이하에서는 1.9배로 늘었지만, 남성은 별 변화가 없었다.

이처럼 남녀 간 차이가 나타난 것은 여성은 환경 등으로 호르몬의 균형이 변화하면 수면장애가 일어나기 쉬운 반면 남성은 수면 상태 이외에 흡연이나 음주, 업무상 스트레스도 고혈압의 원인이기 때문으로 생각된다.

딱 하룻밤만 밤을 새워도 혈압은 올라간다. 오가와는 2003년 건강한 성인을 대상으로 하룻밤 단면(斷眠)시키는 실험을 했다. 그 결과, 밤을 새운 다음 날에는 종일 혈압이 약 10mmHg 높은 상태가 이어졌다. 이는 교감신경이 항진하면서 혈압 설정이 높게 변화했기 때문으로 보인다.

수면장애 중에서도 수면 중 호흡이 멈추는 '수면 무호흡증후군'과 고혈압의 관계는 유명하다. 2003년에 미국 고혈압 합동 위원회는 이차성 고혈압의 주요 원인으로 수면 무호흡증후군을 꼽았다.

혈압이 정상이고 건강한 사람은 낮과 비교해 야간에 혈압이 떨어진다. 밤이 되어도 혈압이 떨어지지 않거나 반대로 올라가 버리는 타입의 사람은 뇌경색이 일어나기 쉽고 수명도 짧아진다고 알려져 있다.

수면 무호흡증후군 환자 중에는 야간에 혈압이 떨어지지 않는 타입의 사람이 많다는 사실을 알게 되었다. 이는 수면 중 호흡이 멈추면 혈액 속 산소가 줄어들어서 이산화탄소가 늘어나거나 수면 중에 여러 번 깨는 것이 원인이다.

식사의 염분을 줄이고 혈압을 낮추는 약을 제대로 먹고 있는데도 혈압이 좀처럼 떨어지지 않는 사람은 수면 무호흡증후군일 가능성이 있다. 이른 시일 내 수면장애 전문 의료기관에서 제대로 된 검사를 받을 것을 권장한다.

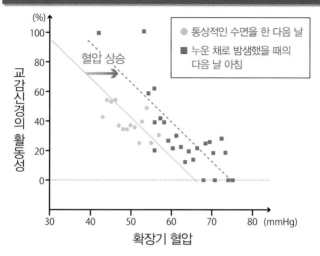

하룻밤 밤샘으로 혈압의 세트포인트는 약 10mmHg 올라감
(출처:『ねむりと医療vol.1』, 先端医学社, 2008.)

(%)

● 통상적인 수면을 한 다음 날

■ 누운 채로 밤샘했을 때의 다음 날 아침

혈압 상승

교감신경의 활동성

확장기 혈압

(mmHg)

또 수면 무호흡증후군에 걸리면 고혈압 이외에도 비만이나 대사증후군, 나아가 고지혈증이나 당뇨병 등의 생활 습관병에도 걸리기 쉬워진다. 이러한 질병이 있으면 뇌경색이나 심근경색으로 수명을 단축시킬 수 있으니 비만이나 심한 코골이가 있는 사람은 주의해야 한다.

2000년 미국에서 실시된 수면과 심장질환의 관계에 대한 대규모 조사(슬립 하트 헬스 스터디)에서는 수면 무호흡증후군과 고혈압뿐만 아니라 뇌졸중이나 심근경색, 심부전과도 인과관계가 있다는 점이 증명되었다. 2002년 캐나다에서 실시된 조사에서도 같은 결과가 나타났다.

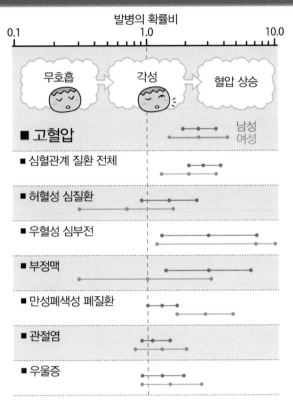

SAS 환자의 진단 전 5년간의 각종 질환 발현 리스크
(출처:『日本臨床vol.66』suppl.2, p.70, 日本臨床社)

발병의 확률비

무호흡 → 각성 → 혈압 상승

■ 고혈압 — 남성 / 여성

■ 심혈관계 질환 전체

■ 허혈성 심질환

■ 우혈성 심부전

■ 부정맥

■ 만성폐색성 폐질환

■ 관절염

■ 우울증

04 우울증

우울증 환자의 80%가 불면에 시달리고 있다. 반대로 불면이 있으면 우울증에 걸리기 쉬운 것도 분명하다. 그러면 우울증과 불면 중 어느 쪽이 달걀이고 어느 쪽이 닭일까?

2003년 오하영이 우울증과 불면증세가 나타나는 시기를 비교했다. 우울증 환자 중에 불면증세가 먼저 나타난 후 우울증세가 나타나는 비율이 41%, 불면증세와 우울감이 동시에 나타나는 경우와 우울증이 먼저이고 나중에 불면증세가 일어나는 경우가 각각 29%씩이었다. 즉 불면증은 우울증의 원인 혹은 우울증보다 이른 시기에 나타나는 증상일 가능성이 크다는 말이다.

불면이 오래 지속되면 우울증에 걸리기 쉬운지 알기 위해 포드와 카멜로우는 18세 이상 일반 주민 7,954명을 1년간 관찰했다. 조사 시작 시점에서 우울증이 없었던 사람 중 불면증이 있어서 1년 후에도 불면이 지속된 사람은 원래 불면이 아니었던 사람에 비해 우울증 발병률이 약 40배나 되었다.

일본에서도 2006년에 니혼대학교 정신과 교수인 우치야마 마코토가 불면과 우울증의 관계성을 발표했다. 65세 이상 고령자를 대상으로 실시된 연구로 조사 개시 시점에서 불면증이 있었던 사람은 불면증이 없었던 사람에 비해 몇 년 후 우울증 발병 위험이 3배가 되었다.

미국의 장은 1997년 최장 34년간의 추적 조사 결과를 발표했다. 명문으로 알려진 존 호킨스대학교 의학부의 남자 졸업생 1,053명을 추적한 결과, 학창 시절 불면이 있었던 사람은 없었던 사람에 비해 우울증 발병률이 약 2배가 되는 것으로 나타났다. 특히 추적 기간 18년 이후 우울증의 발병이 갑자기 늘어난 점에서 불면이 우울증의 위험인자임을 알 수 있다. 불면이 이렇게 장기간에 걸쳐서 정신에 계속해서 손상을 주다니 무서운 일이다.

다행히 불면증이 있어도 제대로 치료하면 우울증을 예방할 수 있다. 스톨러는 1994년에 7,964명의 일반 주민에 관한 조사 결과를 제시했다. 그에 따르면 불면이 없는 사람의 우울증 발병 빈도를 1로 봤을 때 불면증이 있으면서 그 치료를 하지 않은 사람의 우울증 발병률은 40배에 달했다. 반면 불면증이라도 제대로 치료받은 사람은 우울증 발병률이 1.6배로 불면증이 없는 사람의 발병률과 비슷한 수준에 그쳤다. 우울증에 걸리지 않기 위해서라도 빨리 불면증을 치료하는 편이 좋다는 의미이다.

불면이 우울증을 일으키는 메커니즘은 아직 명확하지 않지만, 다음과 같은 가설이 생각되고 있다. 정신적 혹은 신체적인 스트레스는 불면을 일으킨다. 많은 사람은 스트레스의 근원이 없어지면 다시 잠을 잘 수 있게 된다. 하지만 스트레스에 약한 사람이나 능숙하게 스트레스에 대처하지 못하는 사람은 스트레스의 원인이 제거되어도 불면이 계속된다.

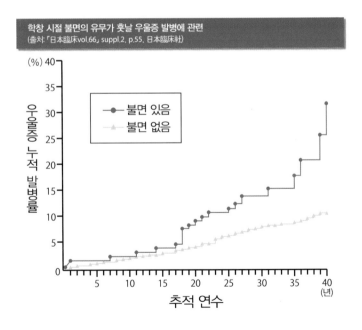

학창 시절 불면의 유무가 훗날 우울증 발병에 관련
(출처: 『日本臨床 vol.66』 suppl.2, p.55, 日本臨床社)

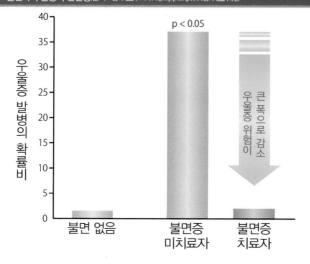

불면과 우울증의 관련성(출처: 『日本臨床vol.66』suppl.2, p.65, 日本臨床社)

세로축: 우울증 발병의 확률비

막대 레이블: 불면 없음 / 불면증 미치료자 ($p < 0.05$) / 불면증 치료자

화살표 레이블: 큰 폭으로 감소 우울증 위험이

스트레스나 불면이 계속되면 시상하부-하수체-부신피질계(HPA계)의 활동이 활발해진다. 이 HPA 계열은 심신을 건전하게 유지하기 위한 호르몬을 분비한다. 스트레스나 불면에 대항하기 때문에 HPA계가 분비하는 호르몬 양은 많아지지만 사실 이 호르몬들에는 각성도를 높이는 작용도 있다. 그래서 불면이 HPA계를 활성화시켜서 HPA계에서 나오는 호르몬이 불면을 증가시키는 악순환에 빠지게 된다.

이때 불면증 치료를 제대로 받으면 좋겠지만 만약 불면증을 방치하면 뇌의 일부 기능이 나빠진다. 아마도 부신피질 호르몬이 뇌의 해마라는 부분을 파괴하기 때문에 신경회로의 기능이 떨어져서 우울증에 걸리는 것으로 추측된다.

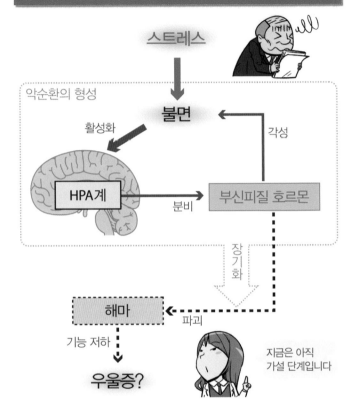

'깨어나라 미국!'이라는 자극적인 제목의 보고서가 1992년 미국 의회에 제출되었다. 이 보고서는 스탠퍼드 대학의 윌리엄 디멘트 교수를 중심으로 한 수면장애 연구 관련 위원회가 작성한 것이다. 보고서에서는 수면장애로 인한 경제적 손실 규모를 추계했는데 1년간 수면장애로 인해 발생하는 사고에서의 손실이 158억 달러, 졸음으로 인한 노동생산성의 저하까지 포함하면 연간 1,500억 달러의 손실이 발생하고 있다. 139페이지에서 소개하는 알래스카 유조선 좌초 사고에서는 유출된 원유를 청소하는 데 18.5억 달러나 들었으며, 이러한 대참사로 인한 연간 비용은 미국 전역에서 700억 달러에 달할 것이라는 추계도 있다.

수면장애로 인한 미국의 경제적 손실 규모

졸음으로 인한
노동생산성의 저하
(연간) **1,500억** 달러

그중 사고 손실 규모
(연간) **158억** 달러

¤ 일본의 경제적 손실

일본 니혼대학교의 우치야마 마코토 정신과 교수는 일본에서의 수면장애로 인한 경제적 손실을 추계했다. 한 기업의 조사 결과를 일본 전체에 적용했을 경우, 졸음으로 인해 작업 효율이 떨어져서 발생하는 경제적 손실이 3조 665억 엔으로 가장 큰 비중을 차지했고, 졸음으로 인한 결근이 731억 엔, 지각이 810억 엔, 조퇴가 75억 엔, 교통사고가 2,413억 엔으로 각각 추산됐다. 이를 합치면 일본에서의 수면장애로 인한 경제적 손실은 연간 3조 4,694억 엔에 이를 것으로 보이며 이는 국내총생산(GDP)의 0.7%가 손실되는 수준이다.

나라 전체적으로 잃는 돈도 막대하지만 불면으로 인한 작업 능률의 저하로 인해 근로자 본인도 큰 손실을 보고 있다. 불면증인데도 치료받지 않는 환자를 대상으로 한 조사에 따르면 40~80%의 사람들이 다양한 심리적 불편함이 있는 탓에 불면이 없는 사람에 비교해 피로감이 강해서 업무 중 졸음이 증가하는 것으로 나타났다.

결근율은 평소의 2~3배이며 낮에 졸음이 강해 일하다가 실수하는 빈도가 건강한 사람의 1.5배나 된다. 업무상 여러 가지 문제가 있어서 장기적으

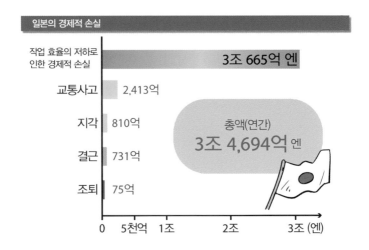

일본의 경제적 손실

작업 효율의 저하로 인한 경제적 손실	3조 665억 엔
교통사고	2,413억
지각	810억
결근	731억
조퇴	75억

총액(연간)
3조 4,694억 엔

0 5천억 1조 2조 3조 (엔)

로 보면 수입이 낮아지고 승급이나 승진의 기회가 적어질 것도 분명하다. 미국 기업의 가동률 저하로 인한 손실은 연간 411억 달러, 결근으로 인한 급여의 감소는 570억 달러 이상이 될 것으로 보인다.

¤ 불면 치료에 드는 비용은?

이러한 추계에는 불면증 치료에 드는 경비가 포함되어 있지 않다. 만약 그 경비를 추산해본다면 어느 정도 소요될까?

불면증을 치료하려면 수면제나 항불안제 등의 약값과 의료기관에 대한 진찰료·검사료·입원비 등이 필요하다. 1995년 미국의 연구에 따르면 수면제나 알코올 등 약과 관련된 경비가 19억 7천만 달러(이 중 수면제와 알코올이 40%씩 차지한다), 불면 때문에 의료기관에서 진료를 받는 비용이 119억 6천만 달러로 추산되었다. 프랑스에서는 처방전이 있어야 하는 수면제에 2억 5천만 달러, 약국에서 살 수 있는 수면제에 7천만 달러, 합쳐서 총 3억 1천만 달러가 사용되고 있다. 나아가 의사에 대한 진찰 비용과 심리상

개인이 받게 되는 불이익

| 피로감 졸음 | → | 결근 작업 실수 | → | 수입 ↘ 승진 기회 ↘ |

담사의 비용까지 합치면 1995년 불면 치료 경비는 20억 7천만 달러에 달한다. 일본의 수면장애 치료에 드는 의료비는 1조 5천억 엔 정도로 국민 의료비의 약 5%로 추산되고 있다.

미국 수면제·진정제 시장 규모는 2001년 11억 7,400만 달러에서 2002년에는 25% 증가한 14억 7,200만 달러가 되었다. 일본 국내의 처방전이 필요한 수면제 시장 규모는 미국의 3분의 1 정도이지만 1998년 이후 3년간 매년 10%가 넘는 성장세를 보여서 2001년에는 480억 엔 규모가 되었다. 약국에서 살 수 있는 최면 진정제 시장은 2002년까지만 해도 연간 30억엔 정도였지만 2003년 수면 개선제 '드리엘'이 출시되자 급격히 커져서 2004년 이후 연간 70억 엔대에서 움직이고 있다.

의료에 드는 비용은 그로 인해 수입을 얻는 사람이 있기 때문에 일률적으로 손실이라고 할 수 없지만 수면장애는 예방할 수 있는 부분이 많아서 불면증에 걸린 사람에게 치료비는 지출이기 때문에 인류의 건강 측면에서 보면 이 돈들은 큰 손실이라고 할 수 있다.

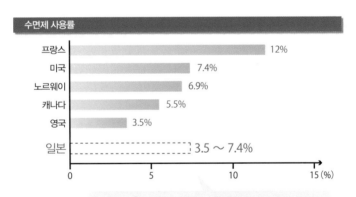

수면제 사용률

프랑스	12%
미국	7.4%
노르웨이	6.9%
캐나다	5.5%
영국	3.5%
일본	3.5 ~ 7.4%

0   5   10   15 (%)

다른 조사의 데이터여서 단순 비교는 어렵지만 일본의 수면제 사용률은 미국이나 유럽 국가들과 비슷한 정도

¤ 자기 전 음주의 리스크는?

  잠이 오지 않을 때의 대처법으로 서양에서는 먼저 수면제를 먹지만, 일본에서는 수면제보다 술을 선호한다. 일주일에 한 번 이상 자기 전에 술을 마시는 사람은 남성의 48%, 여성도 18%로 나이가 들면서 증가하고 노령기가 되면 감소하는 경향이 있다. 잠들기 위해 알코올을 섭취하다 보면 점차 내성이 생기기 때문에 더 많이 마시지 않으면 잠을 잘 수 없게 된다. 자기 전 음주하는 사람은 알코올 중독에 걸릴 확률이 높고 불면이 없는 사람보다 2~5배 위험성이 있다. 또 알코올 중독 환자의 60%는 불면 때문에 알코올을 사용하게 되었다고 대답했다. 만약 적절한 불면증 치료를 받았더라면 알코올 중독에 걸리지 않았을 테니 불면 때문에 마시는 알코올의 비용이나 불면으로 인해 알코올 중독이 된 사람의 치료비는 헛된 비용이라고 할 수 있다.

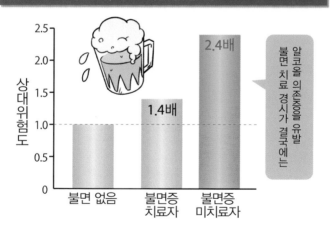

불면증 환자의 알코올 의존증 발병 리스크
(출처:『日本臨床66卷』增刊号2, p.64, フォード, 日本臨床社,1989.)

06 교통사고

안전띠 장착률의 향상과 안전장치의 발전으로 인해 교통사고로 인한 사망자는 1945년 16,765명이었던 것에 비해 2010년에는 그 30% 이하인 4,863명까지 감소했다. 그러나 지금도 연간 약 73만 4천 건의 교통사고가 일본에서 일어나고 있다.

일본에서 졸음운전에 의한 사고로 명확히 특정된 사고는 전체 교통사고의 3% 정도이지만 졸음으로 인한 운전조작의 오류나 반응 지연이 초래한 사고까지 포함하면 더욱 늘어날 것으로 보인다. 미국에서의 조사에서는 불면이나 피로와 관련된 사고가 전체 교통사고의 41~54%를 차지하는 것으로 추정될 정도이다. 마찬가지로 미국에서 일어난 5,000건 이상의 교통사고를 분석한 결과, 불면증 환자는 건강한 사람과 비교해 교통사고를 낼 확률이 3.5~4.5배나 높아지는 것으로 나타났다.

졸음운전에서는 사고의 규모도 커진다. 사망사고는 전체 인명 사고로 보면 1.2%이지만 졸음 사고에서 차지하는 사망사고의 비율은 5.9%로 5배나 많다. 또 미국에서는 불면이나 피로가 관련된 사망사고가 전체의 57%에 이른다고도 한다. 졸음 사고로 사망률이 높아지는 원인은 브레이크나 핸들 조작에 의한 위험 회피 행동을 취하지 못하고 고속으로 달리다가 사고를 내기 때문이다.

야간이나 이른 아침에 운전하는 경우가 많은 장거리 트럭 운전자는 일반 운전자와 비교해 졸음 사고의 위험이 커진다. 교통사고 조사보고서를 분석한 결과, 일반 운전자 중 5~17%가 운전 중 종종 졸음을 자각하고 4~8%가 졸음운전의 경험이 있으며 졸음운전으로 인한 사고 발생률은 1%였다. 반면 장거리 트럭 운전자 중 25~48%가 졸음운전의 경험이 있고 졸음 사고를 낸 적이 있는 사람은 11%로 일반 운전자의 10배 이상인 것으로 나타났다. 게다가 지난 3개월간 여러 차례 졸음운전을 했던 장거리 트럭 운전자는 22%에 달했고, 그 중 수면 무호흡증이 원인이었던 건은 4%뿐으로 대부분 과밀한 근무 일정에서 비롯된 수면 부족 때문이었다.

수면 시간을 줄이면 스스로는 깨어 있다고 생각해도 운전이 서툴러진다는 점이 많은 실험에서 확인되었다. 예를 들어 1998년 남성 12명, 여성 12명 등 총 24명을 대상으로 운전 시뮬레이터를 이용해 진행한 실험에서는 7시간 반 동안 잠을 잔 그룹에 비교해 밤을 새운 그룹에서는 운전 속도의 변화가 큰 것으로 나타났다. 이는 차간 거리를 일정하게 유지하기 어렵다는 점을 의미하며 추돌 사고의 증가로 이어지는 위험한 징후이다.

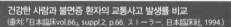

건강한 사람과 불면증 환자의 교통사고 발생률 비교
(출처: 「日本臨床vol.66」, suppl.2, p.66, ストーラー, 日本臨床社, 1994.)

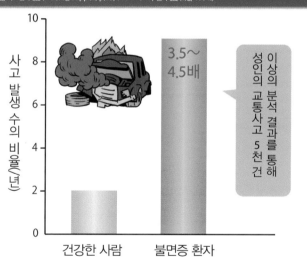

✿ 수면 부족의 위험성을 인지한다

밤샘까지 하지 않아도 수면 부족이 계속되면 사고를 일으키기 쉬운 상태가 된다. 딱 하룻밤의 수면 시간을 5시간으로 제한하자 졸음이 강해져서 차선을 벗어나기 쉬워지는 것으로 나타났다. 이는 주행 차선을 벗어나 마주오는 차량과의 정면충돌 위험이 커진다는 사실을 의미한다. 하룻밤이라도 밤을 새운 사람은 본인이 졸음운전을 일으킬 위험성을 충분히 이해하고 있으므로 운전에 신중해지지만 매일 조금씩 수면 부족이 축적되다 보면 본인이 수면 부족인 것조차 자각하지 못하고 교통사고를 낼 위험이 커진다.

그렇다면 수면 부족 상태에서의 운전과 음주 운전은 어느 쪽이 더 위험할까? 음주 운전이 훨씬 위험할 것 같은데 사실은 그렇지도 않다. 21~35세의 건강한 성인 32명을 수면 제한군 12명과 알코올 섭취군 20명으로 랜덤하게 나눠서 실험을 진행했다.

수면 시간은 0부터 8시간까지 2시간마다, 알코올 섭취량은 체중 1kg당 0.3g씩 0에서 0.9g까지의 조건으로 낮의 졸음을 측정하고 비교했다. 그 결과, 통상적으로 8시간 자는 사람이 수면 시간을 2시간 줄이는 것만으로 체중 1킬로그램당 0.54g의 알코올을 마신 것과 같은 졸음이 일어나는 것으로 나타났다.

이 정도 알코올양이면 혈중농도가 0.05%, 내쉬는 숨 중 농도가 0.25mg/L로 얼큰한 취기 상태가 되어서 일본 도로교통법에 따라 음주 운전 25점, 음주 운전으로 인정되면 35점의 위반점수가 부여된다. 음주 운전은 엄격하게 단속해야 하지만 수면 부족 상태에서의 운전도 음주 운전만큼이나 위험하다는 사실을 더 많은 사람이 알아야 한다.

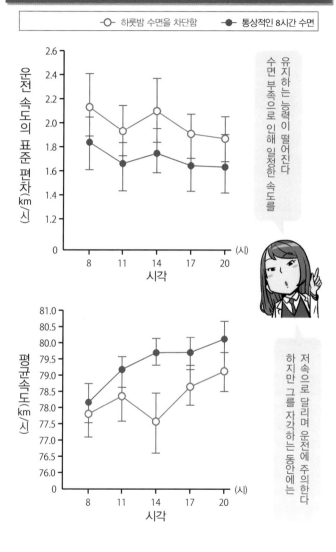

수면 차단군과 건강한 대조군의 운전 시뮬레이터 성적

─○─ 하룻밤 수면을 차단함　　─●─ 통상적인 8시간 수면

운전 속도의 표준 편차(km/시)

수면 부족으로 인해 일정한 속도를 유지하는 능력이 떨어진다

(시)
시각

평균속도(km/시)

하지만 그를 자각하는 동안에는 저속으로 달리며 운전에 주의한다

(시)
시각

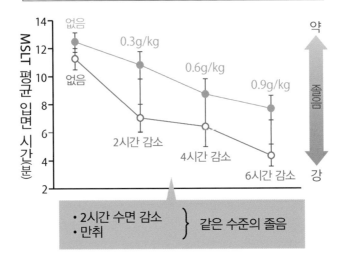

수면 부족과 알코올 섭취로 인한 MSLT 입면 시간에 미치는 영향

● 알코올 섭취군　　　○ 수면 제한군

MSLT 평균 입면 시간(분)

없음
0.3g/kg
0.6g/kg
0.9g/kg
없음
2시간 감소
4시간 감소
6시간 감소

약
졸음
강

• 2시간 수면 감소
• 만취
} 같은 수준의 졸음

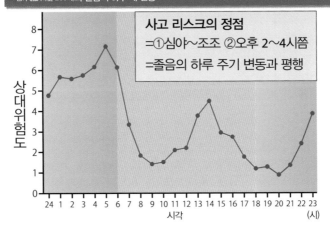

운전사고 발생 리스크의 하루 내 변동(출처: 『日本臨床66巻』, 増刊号2, 68ページ, ジョージ, 日本臨床社, 2004.)과 졸음의 하루 내 변동

사고 리스크의 정점
=①심야~조조 ②오후 2~4시쯤
=졸음의 하루 주기 변동과 평행

상대위험도

시각　　　　　　(시)

알래스카 연안 텅가 좌초 사고

세계 최대 규모의 유조선 엑손발데즈호는 모항인 미국 알래스카주의 발데즈 석유 터미널에서 1989년 3월 23일 오후 9시 넘어서 출항했다. 약 18만 톤의 원유를 캘리포니아주 로스앤젤레스까지 운반하기 위해서였다.

도선사가 발데즈 해협으로 유도한 뒤 선장이 배의 키를 잡았고, 오후 11시가 넘어서 선장은 야근하던 삼등 항해사와 조종을 교대하고 집무실로 돌아왔다. 분명 출발한 지 얼마 안 돼서 주의를 기울이면서 항해하고 있었을 텐데 엑손발데즈호는 24일 자정이 지났을 무렵 암초에 걸려서 좌초했다.

일반적인 배였다면 그나마 피해가 적었겠지만, 18만 톤이나 되는 원유를 실은 유조선에 구멍이 뚫렸기 때문에 대량의 원유가 바다로 흘러나오고 말았다. 적재량의 약 20%에 해당하는 약 3만 7천 톤의 원유가 프린스 윌리엄만으로 유출되어 오염된 바다 면적이 도쿄만의 약 10배 규모에 달했다. 이 해역은 해달과 바다표범, 연어, 바닷새의 서식지로도 유명해서 이 사고는 해상에서 발생한 인위적인 환경 파괴 중 가장 큰 사건이 되어 버렸다.

사고의 원인을 조사한 미국 국가운수안전위원회는 유조선 좌초를 일으킨 요인으로 다음과 같은 네 가지를 꼽았다.

엑손발데즈호 제거작업 중인 모습

ⓒWikipedia

1) 삼등 항해사가 자동조종장치에 맡기고 똑바로 조타하지 않았던 점
2) 선장이 미국상선법에서 규정하는 허용량을 훨씬 뛰어넘는 알코올을 마셔서 항로의 목시 확인을 제대로 하지 않은 점
3) 엑손사가 선장에 대한 감독 책임을 충분히 다하지 않고 적절한 인원을 배치하지 않았던 점
4) 연안 경비대의 레이더 담당자가 음주 중이어서 효율적인 유도정보를 제공하지 못했던 점

사고 당시 배를 맡고 있던 삼등 항해사는 유조선 조종 면허가 있었지만 사고 현장인 프린스 윌리엄 해협을 조종할 자격은 없었다. 또 그는 심각한 수면장애로 고민하고 있었기 때문에 그 점이 집중력이나 판단력의 저하를 초래해 점멸하는 경보 신호에 반응할 수 없었던 것으로 추측된다.

1994년 앵커리지 지방 법원은 엑손사에 대해 2억 8,700만 달러의 물적 손해배상을 지급하라고 판결했다. 한편 엑손사는 원유 제거작업 등으로 20억 달러를 썼다고 주장하며 알래스카 수산업의 피해 합의금으로 수산업자 7곳에 6,375만 달러를 지불했다. 또 고장 난 엑손발데즈호의 수리에는 약 3,000만 달러가 필요했다.

돈으로 계산할 수 없는 피해도 막대했다. 원유 때문에 사망한 야생동물은 바닷새 25만~50만 마리, 해달 2,800~5,000마리, 점박이물범 300마리, 독수리 250마리, 범고래 22마리에 달했고 연어와 청어알도 상당수가 사라졌다. 조개류와 대구, 바다표범의 감소는 이들을 포획해서 생계를 유지하던 알래스카 원주민의 생활에도 큰 타격을 입혀서 1991년에는 추가치 족의 경제가 파탄에 이르렀다.

이처럼 수면장애는 개인의 문제에 그치지 않고 지구환경이나 경제에 커다란 영향을 미치기도 한다.

08 우주왕복선 챌린지호 사고

    1986년 1월 28일 오전 11시 38분, 우주왕복선 챌린저호의 발사가 이루어졌다. 우주왕복선의 첫 비행으로부터 이미 5년이 지났고 25번째 미션이었다. 이때의 비행은 첫 민간인 우주비행사이자 초등학교 교사인 크리스타 매콜리프 씨와 일본계 우주인 엘리슨 오니즈카 공군 중령, 흑인 우주인 로널드 맥네어 씨 등이 탑승해서 세계적으로 주목받았다.

    처음 계획으로는 1월 22일 발사할 예정이었으나 발사 직전 우주선의 비행이 지연되거나 선외 활동용의 해치 결함이 발견되고, 나아가 케네디 우주센터와 비상착륙 지점의 기상 불량으로 5차례나 발사가 연기되어 관계자들의 수면 부족과 스트레스를 키웠다.

    발사 당일 역시 완벽한 컨디션이 아니었다. 발사대가 있는 플로리다는 전날 밤부터 비정상적인 한파가 몰아쳐 기체 한 면에 고드름이 열린 상태였다. 발사 전 점검을 담당한 개발 담당 기사는 이 비정상적인 저온으로 인해서 고체연료 보조 로켓의 O-링이라는 부품이 열화되어 이대로 발사하면 위험하다고 미국항공우주국(NASA)에 경고했다. 하지만 발사 연기를 요청받은 NASA의 상층부는 문제가 없다고 판단해서 발사를 진행한 것이다. 기사의 나쁜 예감은 적중했고 챌린지호는 많은 사람이 지켜보는 가운데 발사 72초 만에 공중 분해되어 결국 승무원 7명 전원이 사망했다.

    몇 달 후 챌린지 사고조사 대표위원회는 챌린지호 사고의 원인이 O-링의 구조적 결함이라고 발표했다. O-링은 연소 가스가 새지 않도록 밀폐하기 위한 부품인데 개발 담당 기사가 지적했듯이 저온에 노출되면 경화되어 기능이 떨어지고 O-링의 균열에서 뿜어져 나온 고온 고압의 연소 가스가 기체를 파괴한 것이다. 이와 함께 발사 일정을 우선시하기 위해 NASA에서는 종종 안전기준을 무시해왔다는 사실도 드러났다.

5차례나 발사가 연기되면서 관계자 대부분이 수면 부족에 빠져 있었던 점도 사고의 원인으로 생각된다. 수면이 부족하면 사고력이나 판단력이 저하되어 잘못된 결정을 내리기 쉬워진다. 만약 잠이 충분했더라면 NASA의 간부도 O-링의 위험성을 이해하고 발사를 연기했을지도 모른다.

챌린지호 공중분해 후에 나타난 연기 기둥

ⓒNASA

2002년 8월 10일 추석 연휴가 시작된 히가시메이한 자동차도로는 이른 아침부터 매우 혼잡해 스즈카 요금소 부근에서는 약 3km의 정체 구간이 발생했다. 오전 5시 40분 정체 구간의 맨 뒤쪽에 있던 작은 승합차에 대형 트레일러가 시속 100km로 추돌하며 사고가 발생했다. 7대가 연쇄 추돌 사고에 휘말렸고 전복된 대형 트레일러는 3대와 더 충돌했다. 그중 4대가 불에 타서 귀성길 유아를 포함한 두 가족 5명이 불에 타서 사망하고 6명이 중경상을 입는 대형 사고가 되었다.

졸음운전을 하던 대형 트레일러 운전자는 업무상 과실치사 현행범으로 체포되었다. 경찰의 조사 결과, 이 운전자는 사고 직전 4일간 고작 16시간밖에 자지 않은 사실이 밝혀졌다. 사고 3일 전에 해당하는 8월 7일 밤에 회사가 있는 이바라키현 히타치시를 출발해서 8일 오전 10시경에 오사카의 목적지에 도착했다. 그대로 차 운전석에서 선잠을 자고 그날 오후 4시에 오사카를 출발해서 다음 날인 9일 오후에 이바라키현으로 돌아왔다. 잠시 선잠을 잔 후 9일 오후 9시경에 다시 히타치시를 출발해 오사카로 향했다. 이때 귀성길 정체에 휘말려 일정이 크게 늦어졌기 때문에 논스톱으로 도메이 고속도로부터 히가시메이한 자동차도로까지 약 680km를 화장실도 들리지 않은 채 운전하다가 결국 사고를 내고 말았다.

이 연쇄 추돌 사고에서는 운전자의 가혹한 근무 상황을 알면서도 운전하게 한 혐의로 근무처 회사와 회사 대표도 기소되었다. 2008년 12월 선고한 나고야 고등법원의 판결에서는 '운송회사 사장은 운전기사가 과로 상태에서 업무에 종사하고 있는 점은 충분히 인식하고 있었다고 추인할 수 있고, 졸음운전의 위험도 예견할 수 있었다'라고 사장의 책임을 인정해 피해자들에게 약 2억 2천만 엔을 지급하도록 명했다. 업무 중에 일으킨 졸음으로 인한 교통사고로 대표 개인에게까지 그 책임을 묻는 일은 드문 사례이지만, 일하는 사람의 수면 상태를 기업이 고려해야 한다는 사실을 사회에 알리는 판결이 되었다.

하지만 안타깝게도 졸음운전으로 인한 자동차 사고는 끊이지 않고 있다. 같은 스즈카시의 히가시메이한 자동차도로에서도 2003년 3월 21일 이른 아침에 정체 구간의 맨 끝에 대형 트럭이 충돌해서 총 7대의 연쇄 추돌 사고가 일어났다. 이 사고로도 여성 1명이 숨지고 10명이 중경상을 입었다. 도로교통법 개정 후 음주 운전으로 인한 사망사고는 줄어들고 있지만, 졸음 운전으로 인한 사고는 언제쯤 완전히 사라질지 의문이다.

졸음운전으로 인한 사고는 고용주에게도 책임이 있음

①	8/7	21:00	이바라키 출발
②			4곳에서 총 3시간 반 선잠
③	8/8	10:00	도착
④		16:00	오사카 출발
⑤		19:00	~9시간 선잠
⑥	8/9	14:30	도착
		18:00	~선적 작업
⑦		21:00	이바라키 출발(이후 논스톱)
⑧	8/10	5:40	사고 발생

많은 일본인이 수면 무호흡증후군(SAS)이라는 병을 알게 된 계기가 된 사고가 2003년 2월 26일에 일어났다. 사고라고 해도 다행히 부상자나 사망자는 나오지 않았지만 말이다.

이날 오후 3시 21분 산요신칸센 오카야마역에 들어온 히카리 126호는 규정대로 감속하지 않았다. 그래서 자동 열차 정지 장치가 작동해 지정된 위치보다 100m 앞에서 급정거하고 말았다. 이에 놀란 역무원이 운전실로 달려갔더니 안에서는 기관사가 의자에 기댄 채 잠들어 있었다. 기관사는 차장이 깨워서 겨우 눈을 떴지만 오카야마역에서 26km에 떨어진 전 역인 신쿠라시키 역 부근에서부터 졸음이 몰려와 그 후로 기억이 없다고 말했다. 시간으로 따지면 8분이나 약 800명의 손님을 태운 신칸센이 최고 시속 270km로 주행하고 있었던 셈이다. 자칫 대참사가 되었을지도 모르는 사고이지만, 개인적으로는 신칸센의 안전성이 매우 높다는 사실에 놀라기도 했다.

JR 니시니혼사에 따르면 승객을 태우고 운전 중인 열차의 기관사가 졸음운전을 한 사례는 1987년 니시니혼사 창립 이래 처음 있는 일로, 예전의 국철 시절을 포함해도 도카이도·산요신칸센에서는 그 예가 없었다고 한다. 사고 직후에는 기관사가 운전대를 잡기 전날 밤에 대량의 술을 마신 것이 문제시되어 긴장이 풀린 것 아니냐는 의심도 받았다. JR 니시니혼의 오카야마 지사장은 "졸음운전이라는 말도 안 되는 한심한 사고"라고 말했고, 오기치카게 국토교통부 장관도 "심각하기 짝이 없다. 용서할 수 없는 일이다"라고 언급했다.

그런데 조사가 진행되면서 졸음의 원인은 수면장애에 의한 것이었음이 밝혀졌다. 이 운전사는 체중이 100*kg*이 넘는 비만으로 수년 전부터 한밤중에 여러 번 깨어나 가족들로부터 심한 코골이와 호흡 정지를 지적받은 것으로 나타났다. 그래서 수면장애 전문 의료기관에서 검사한 결과, 수면 중에 시간당 40회 이상 호흡이 멈추는 중증 폐쇄성 수면 무호흡증이라는 진단을 받았다고 한다.

비슷한 사고가 발생할 것을 우려한 JR 니시니혼에서는 모든 기관사를 대상으로 수면 무호흡증후군의 문진과 검사를 했다. 그 결과, 수면 무호흡증후군의 비율은 0.3%라고 발표했다. 하지만 이 숫자에는 의문이 남는다. 역학조사에 따르면 일본인의 수면 무호흡증후군의 유병률은 1~2%이기 때문에 실제로는 기관사 중에 더 많은 환자가 있을 것이다. 요미우리 신문이 2005년에 실시한 설문조사에서는 JR 규슈에서는 기관사의 5.7%가, 니시니혼철도에서는 3.1%가 수면 무호흡증후군이라고 진단받았는데 오히려 이 숫자가 더 신빙성이 있어 보인다.

대중교통의 기관사가 졸음운전을 하리라고는……

1979년 3월 16일 미국에서 『차이나 신드롬』이라는 영화가 개봉했다. 제목을 직역하면 '중국 증후군'이다. 영화는 제인 폰다와 잭 레몬이 주연을 맡아 큰 성공을 거뒀고 훗날 아카데미상에도 노미네이트 되었다. 제인 폰다가 맡은 TV 리포터와 잭 레몬이 연기하는 원자력발전소 직원이 대형 원전 사고를 미연에 방지하려고 분투하는 스토리이다. 이 영화에서 미국 원자력발전소에서 노심융해(핵분열이 폭주하고 핵연료가 고온이 되어 원자로가 녹아 버림으로써 상정 가능한 사고 중 최악의 상태)가 일어나면 방사성 물질이 지구를 녹여서 중국까지 도달하는 것 아니냐는 우스갯소리가 나오는데, 여기에서 제목을 땄다.

개봉 초기에는 가슴이 벌렁벌렁하는 재미있는 이야기라고 여겼지만 12일 후에 상황은 완전히 달라졌다. 영화 속 스토리와 비슷한 일이 현실에서 일어났기 때문이다.

미국 동해 연안에서 가장 긴 서스쿼해나 강이 펜실베이니아주에 흐르고 있다. 이 강이 펜실베이니아주의 주도인 해리스버그를 지나면 둘레 약 3마일의 중주(中州)가 있어서 '스리마일섬'이라고 불린다. 여기서 1974년부터 스리마일섬 원자력발전소가 조업 중이었는데 1979년 3월 28일에 노심 융해가 일어난 것이다.

스리마일섬 원자력발전소의 2호로는 사고 3개월 전에 운전을 갓 시작한 최신예 가압수형 경수로였다. 3월 27일 밤부터 28일 아침까지는 4명의 젊은 기술자들이 당직을 서고 있었다. 3월 28일 오전 4시 넘어서 원자로를 식히기 위한 2차 냉각수 급수펌프가 고장난 것을 계기로 계기 오작동과 운전원의 판단 오류가 겹치면서 원자로를 식힐 물이 부족해 핵연료가 그대로 노출되었다. 이른바 텅 빈 상태가 되어 노심 융해가 일어난 것이다. 다행히 인근 주민이나 환경에 미치는 영향은 거의 없었지만, 사고가 길어지면 폭발했을 가능성도 지적된다.

이 사고의 직접적인 원인은 고장을 나타내는 경고를 간과한 운전원의 실수였다. 하지만 실수가 일어나기 쉬운 상황이기도 했다. 원자로의 컨트롤 패널에는 1,200개의 계기와 스위치, 램프, 레버가 있어 한 번씩 체크하는 것만으로도 힘든 상황이었다. 게다가 이상을 나타내는 시그널 램프가 녹색이었던 것으로 봐서 무의식중에 '녹색=안전'이라고 판단했을 가능성도 있다.

나아가 새벽 4시라는 가장 졸음이 강해지는 시간대에 사고가 일어난 점에도 주의가 필요하다. 머리가 멍한 상태로는 판단력이나 사고력이 둔해지는 것이 당연하다. 또 긴장감이 필요한 근무가 계속되면서 피로에 지쳐 있는 데다가 잠시 후면 근무가 끝난다는 안도감에서 오는 느슨함이 있었을지도 모른다. 이러한 사고를 막기 위해서는 야근자들의 휴먼 에러를 줄이는 연구가 이루어지고 선잠을 자는 것이 매우 효과적인 것으로 나타나 현장에서의 실천이 장려된다.

스리마일섬 원자력발전소

ⒸWikipedia

⏰12 체르노빌 원자력발전소 사고

　스리마일섬 원전 사고도 이 사고에 비하면 피해가 적어서 다행이라고 여길만한 대형 사고가 7년 후 당시 소련에서 일어났다. 1986년 4월 26일 1시 23분, 지금의 우크라이나에 있는 체르노빌 원자력발전소의 4호로에서 핵폭주로 인한 폭발 사고가 발생한 것이다. 원진을 중심으로 넓은 반경이 방사성 물질로 오염되어 많은 사람의 건강에 피해를 주는 사상 최악의 원전 사고가 되었다.

　사고는 원자로 실험 중에 일어났다. 당시 구소련에서는 전력 공급이 불안정해서 정전이 자주 발생했다. 원자력발전소에서는 전기를 만들지만 발전을 위해서도 어느 정도의 전기가 필요하다. 그래서 원자력발전소가 정전으로 냉각수 펌프 등의 전원이 끊긴 경우를 가정해서 비상 전력으로 원자로 안전 시스템에 충분한 급전(給電)을 시행할 수 있는지를 확인하는 실험이 계획되었다.

　애초 실험은 사고 하루 전인 25일 오후에 진행될 예정이었으나 직전에 당국의 지시로 반나절 연기되었다. 그래서 실험 개시 시각이 오후 11시가 넘게 되어 야근자 위주로 이루어졌다. 그런데 기술자의 실수로 원자로 출력이 급격히 떨어져서 원자로가 극도로 불안정한 상태가 된 것이다. 게다가 노심의 제어봉이 과도하게 뽑혀서 제어봉이 현저히 적다는 경고와 원자로를 정지시키기 위한 신호가 작동했지만, 실험을 우선시한 기술자들에게 무시당하고 말았다. 원자로가 폭주하기 시작한 것을 깨닫고 황급히 비상 정지 버튼을 눌렀을 때는 이미 노심 융해가 일어나고 있었고 6초 후에 원자로는 폭발했다. 연이어 일어난 두 번째 폭발로 1,000t이나 되는 원자로 뚜껑이 날아가 대량의 방사성 물질이 공기 중에 뿌려진 것이다.

　약 10t에 이르는 방사성 물질은 스칸디나비아반도부터 흑해 연안까지 유럼 일대로 퍼졌다. 이는 히로시마에 투하된 원자폭탄(리틀보이)으로 인한 방출량의 500배에 해당한다. 일본에서도 사고 1주일 후인 5월 3일 빗물 속에서 방사성 물질이 검출되었다.

우주 정거장 '미르'에서 촬영한 체르노빌 주변(1997년 촬영)

©NASA

체르노빌 원자력발전소의 시설(2007년 촬영)

©Wikipedia

소련 정부가 공식적으로 발표한 사망자 수는 운전원과 소방관을 합쳐서 겨우 33명이었다. 이는 아마도 급성 방사선 장애로 숨진 사람들만의 숫자로, 사고를 처리한 예비병이나 군인, 터널 굴착을 한 탄광 노동자에서 더 많은 사망자가 나왔고 장기적인 사망자 수는 수십만 명에 이른다고도 한다. 실제로 사고 14주년 추모식에서는 러시아 사고처리 종사자 86만 명 중 5만 5천 명이 이미 사망했고 우크라이나 피폭자 343만 명 중 작업자의 87%가 질병에 걸린 것으로 발표됐다.

국제원자력기구(IAEA)의 조사에 따르면 주요 사고 원인은 원자로 설계 오류에 조작원이 잘못된 운전조작이 겹친 것이었나. 또 낭시 소련에서는 규칙 위반이나 직무 태만이 아무렇지 않게 행해지고 있었던 것도 영향을 미쳤다. 게다가 사고가 난 시간이 심야였기 때문에 수면 부족도 관여하고 있다고 생각된다. 이제 와서 말해봤자 소용없겠지만 원자로 실험을 예정대로 낮에 했더라면 사고가 나지 않고 많은 생명을 잃지 않았을지도 모른다고 생각하니 매우 안타깝다.

약을 사용하지 않는 불면 치료법

제4장에서는 생활 습관을 재검토하고 일상 생활 속에서 다양한 시도를 통해 약을 사용하지 않고 불면증을 개선하는 방법을 소개한다. 바람직한 수면 환경의 조성 및 적절한 음료의 선택법, 호흡 훈련법, 행동 요법, 마우스피스의 장착 등 다양한 방법이 있다.

우리 몸 중심부의 체온(심부 체온)은 하루 중에 1℃ 정도 높아졌다가 낮아졌다가 한다. 아침에 일어나면서 점차 체온이 상승하고 활동량이 많아지는 낮에는 높은 상태가 지속하다가 저녁부터 밤 무렵에 최고 높아진다. 그후 체온이 떨어져 이른 아침에는 최저온도가 된다. 체온의 리듬은 체내 시계에 지배되고 있으므로 푹 잔 날에도 대체로 이러한 주기를 보인다.

오른쪽 위 그림을 보면서 밤의 체온 변화를 자세히 살펴보자. 체내 시계의 작용으로 인해 취침 시각 1시간 전부터 손발의 혈류량이 증가하고 피부 온도가 상승한다. 아기나 어린이가 졸리면 손발이 뜨거워지는 것은 이 때문이다. 혈액을 통해 심부의 열이 손발로 운반되기 때문에 심부 체온이 내려간다. 체온은 수면의 영향도 받기 때문에 잠들면 체온이 더욱 떨어지게 된다. 이렇게 체온이 원활하게 떨어지는 과정은 잠을 잘 자고 깊이 잠들기 위해서 꼭 필요하다.

맨몸으로 잘 때는 실온이 29℃일 때가 가장 안정적 수면이 가능하다. 29℃가 넘으면 한밤중에 깨어나는 일이 늘어나 깊은 수면이나 렘수면이 적어진다. 이러한 영향은 특히 수면 전반부에서 강하게 나타난다. 주위 온도가 높으면 피부로부터의 방열이 잘 이뤄지지 않아서 심부 체온이 떨어지는 속도가 둔해진다. 체온을 낮추기 위해서 전신의 발한량이 증가하고 침실 내 습도가 상승하게 된다.

여름에 잠들기 힘들고 숙면하기 어려운 것은 심부 체온이 충분히 떨어지지 않기 때문이다. 또 체온을 조절하는 반응은 잠이 들면 저하된다. 체온조절반응은 각성 시가 가장 양호하므로 고온의 환경이 조성되는 각성 시간을 늘려 체온조절을 꾀하고자 한다. 깨어나지는 않더라도 체온조절 작용이 약한 렘수면이나 깊은 수면이 줄어들기 때문에 숙면감이 옅어진다.

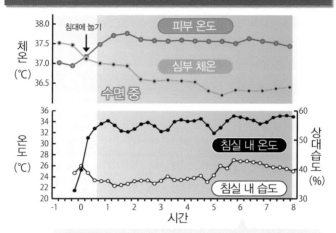

수면 중 체온과 침실 내 기후의 변화
(출처: 上里一郎(監), 『睡眠とメンタルヘルス』, ゆまに書房, 2006.)

침실 온도나 습도를 '침실 내 기후'라고 합니다. 사람이 침실에 들어가면 온도는 급상승하고 1시간 정도 지나면 안정됩니다. 습도는 약간 증가하지만, 그 후 조금씩 줄어들어서 수면 후반부에 약간 상승합니다. 쾌적한 침실 내 기후는 온도가 32~34도, 습도가 40~60%입니다

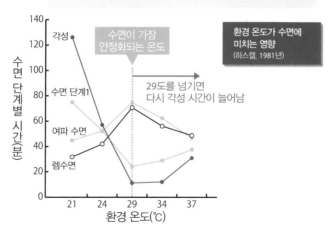

환경 온도가 수면에 미치는 영향
(하스켈, 1981년)

고온 환경에서는 온도가 같으면 습도가 낮은 편이 쾌적하게 잘 수 있다. 오른쪽 위 그림처럼 같은 온도라고 해도 습도가 높아지면 깊은 수면이나 렘수면이 더 적어지고 얕은 수면이나 각성이 증가한다. 땀을 흘려도 습도가 높으면 증발하지 않기 때문에 피부로부터의 방열이 억제되어 심부 체온의 저하가 잘 이루어지지 않는다. 특히 노인은 청년들보다 체온조절 기능이 떨어지므로 실온이나 습도 조절이 더 중요해진다.

에너지 절약의 관점에서 낮의 냉방은 28℃로 설정하는 것이 권장되고 있지만 질 좋은 수면을 위해서는 여름 침실의 실온은 26℃, 상대습도는 50·60%가 바람직하다.

실온이 29℃보다 낮으면 렘수면이 줄어서 각성 시간이 늘어나고 심부 체온의 저하가 커진다. 온도가 수면에 미치는 영향은 고온보다 저온에서 더 크며, 살아가기 위해서는 체온을 떨어트리지 않는 점이 중요하다. 무엇보다 현대 사회에서는 추운 시기에 잠옷이나 침구를 사용하지 않고 자는 것은 생각할 수 없다. 오른쪽 아래 그림과 같이 담요를 사용한 경우에는 실온이 13~25℃, 담요와 오리털 이불을 사용하면 3~17℃로 수면에 영향은 없었으나 16~19℃ 쪽이 수면감이 양호했다.

수면의 양이나 질에는 변화가 없어도 저온은 사람의 신체에 영향을 미친다. 실온이 17℃, 10℃, 3℃라는 세 가지 조건에서 잠을 자는데 수면에는 차이가 없었고 수면 효율도 95% 이상이었다. 하지만 실온이 3℃인 환경에서는 심부 체온의 저하가 유의미하게 컸고 특히 다리 부위의 침실 내 온도는 다른 부위보다 낮아졌다. 따라서 체온이나 침실 내 기후는 실온이 10℃ 미만이 되면 영향을 받는다고 할 수 있다.

이처럼 연중의 가장 바람직한 침실 환경은 실온이 16~26℃, 상대습도가 50~60%의 범위이다.

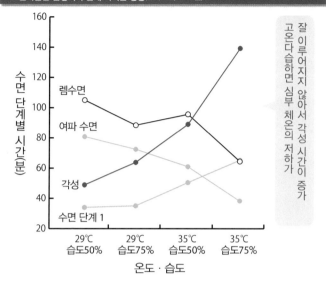

고온다습한 환경이 수면에 미치는 영향(오카모토, 1999년)

수면 단계별 시간(분)

160
140
120
100
80
60
40
20

렘수면
여파 수면
각성
수면 단계 1

29℃
습도50%
29℃
습도75%
35℃
습도50%
35℃
습도75%

온도·습도

잘 이루어지지 않아서 각성 시간이 증가
고온다습하면 심부 체온의 저하가

저온 환경이 수면에 미치는 영향
(출처: 上里一郎(監), 『睡眠とメンタルヘルス』 ゆまに書房, 2006.)

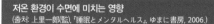 수면에 영향을 미치지 않는 온도의 범위

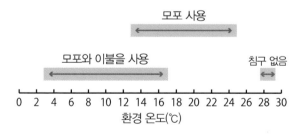

모포 사용

모포와 이불을 사용

침구 없음

0 2 4 6 8 10 12 14 16 18 20 22 24 26 28 30

환경 온도(℃)

사람이 선호하는 밝기는 항상 일정하지 않고 하루 중에서도 규칙적으로 변화한다. 오전에는 1,000 lx(럭스) 이상의 밝기를 선호하지만 오후부터는 조금씩 줄어들어서 저녁에는 200 lx 정도가 된다. 이 리듬에 맞춰 사무실은 500~1,000 lx이고 집 부엌이니 거실은 200~300 lx인 경우가 많은 것 같다.

수면 호르몬이라고 불리는 멜라토닌은 항상 잠자리에 드는 시각으로부터 약 1시간 전부터 분비가 시작된다. 멜라토닌은 주위 밝기에 반응하기 때문에 500 lx 이상의 빛이 눈으로 들어오면 분비량이 줄어들게 된다. 특히 청색을 포함한 빛이 강하게 영향을 주므로 편하게 잠들기 위해서는 취침 1시간 전부터 다소 어두운 난색 조명으로 바꾸는 편이 좋다.

야간에도 편의점 매장은 매우 밝아서 1,000~1,500 lx인 곳도 있다. 밝으면 고객이 물건을 사고 싶어지기 때문에 편의점의 경영 전략으로는 합당하지만, 밤늦게 밝은 빛을 오랜 시간 받으면 졸음이 줄어들게 된다.

침실은 어두운 편이 좋다. 가장 수면감이 좋은 환경은 보름달이 뜬 밤의 밝기 정도인 0.3 lx이다. 이것이 휴식 중인 영화관 내보다 조금 밝은 정도인 30 lx를 넘어서면 깊은 수면이나 렘수면이 줄어들기 시작하고 이불을 덮거나 팔로 얼굴을 가리는 등 빛을 피하는 동작이 늘어난다. 어두운 가로등 아래 정도의 밝기인 50 lx 이상이 되면 더욱 몸놀림이 증가해 수면이 얕아지게 된다.

그렇다고 막상 캄캄해지면 불안이 가중되기 때문인지 0.3 lx일 때보다도 수면이 얕아진다. 안심하고 잠을 잘 수 있고, 한밤중에 깨어나 화장실에 갈 때 넘어지지 않으려면 소형전구인 풋라이트를 켜서 빛이 직접 눈에 들어오지는 않지만 사물의 모양과 색상을 어렴풋이 알 수 있는 정도의 밝기를 확보하는 것이 좋다.

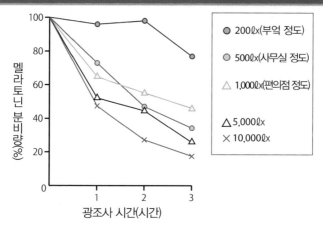

조사하는 빛의 조도와 멜라토닌 억제 효과(하시모토, 1996년)

멜라토닌 분비량(%)

광조사 시간(시간)

- ● 200ℓx(부엌 정도)
- ● 500ℓx(사무실 정도)
- △ 1,000ℓx(편의점 정도)
- △ 5,000ℓx
- × 10,000ℓx

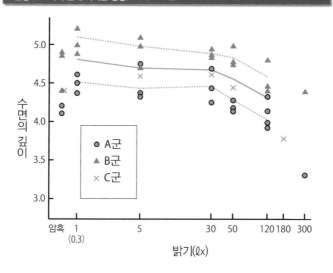

환경 조도가 수면에 미치는 영향(오카다, 1981년)

수면의 깊이

- ● A군
- ▲ B군
- × C군

암흑 1(0.3) 5 30 50 120 180 300

밝기(ℓx)

1년 중 낮이 가장 긴 하지와 밤이 가장 긴 동지를 비교하면 일출 시각은 2시간 반이나 차이가 난다. 자연의 빛이 침실로 들어오게 하고 취침하면 일출 시각과 기상 시각의 상관관계가 보이지만 커튼으로 차광하면 일출 시각과 관계없이 기상하게 된다. 이를 통해 사람은 밝아지면 자연스럽게 눈을 뜬다는 점을 알 수 있다.

기분 좋게 눈을 뜨기 위해서는 빛을 잘 사용하는 것이 중요하다. 기상 예정 시각 30분 전부터 점차 방을 밝게 하고 눈을 뜰 무렵에는 얼굴의 조도가 100 lx가 되도록 조절한 실험이 있다. 기상 시각이 되면 알람을 울리는데 그때 조도를 점차 밝아지도록 했을 때가, 감감한 가운데 알람을 울렸을 때보다 수면감이 좋고 기상 시 졸음이나 피로감이 적은 것으로 나타났다. 이는 빛이 체온을 올리고 교감신경의 활동을 활발하게 만들었기 때문에 상쾌하게 깰 수 있는 것으로 생각된다.

빛에는 체내 시계를 제어하는 기능도 있다. 심부 체온이 가장 낮아진 시각부터 약 5시간 동안(보통 기상해서 약 3시간까지) 밝은 빛을 받으면 1주기가 24시간보다 긴 생체 리듬을 지구의 하루와 같은 24시간으로 조정할 수 있다. 수면장애 치료의 일환으로 실시하는 '고조도 광요법'에 대해서는 4-14에서 상세히 설명하겠다.

콘서트홀에서 듣는 클래식 명곡이나 하드록, 낙차가 큰 폭포에서 떨어지는 물소리 등 자신이 좋아하는 소리나 기분 좋은 소리는 큰 음량이어도 크게 고통받지 않는다. 그런데 듣기 싫은데 강제로 귀에 들어오는 소음은 시끄러울 뿐만 아니라 몸과 마음을 상하게 할 수도 있다. 소음이 일으키는 질환으로는 청각장애를 비롯해 집중력·인지력의 저하와 체력 소모, 감각 둔화, 정신과 뇌 장애 등이 알려져 있다.

소음이 일으키는 여러 가지 장애

물론 수면에도 나쁜 영향을 미친다. 침실 소리가 $40dB$을 초과하면 잠이 잘 오지 않고 한밤중에도 눈을 뜨기 쉬워진다. 얕은 수면이 증가해 수면의 깊이가 자주 바뀌게 되고, 깨어났을 때 상쾌함이 줄어들어서 수면감 역시 나빠진다.

깊은 수면이나 렘수면이 줄어든다는 연구도 있다. 여기서 $40dB$이라는 것은 도서관의 고요함 정도의 소리를 의미한다. 벽에 있는 전기 스위치를 켜는 것만으로 $48dB$, 끌 때는 $56dB$ 소리가 나기 때문에 주의가 필요하다.

소음은 환경 기본법에서 정의하는 일곱 가지 공해 중 하나로 환경기준이 설정되어 있다. 주택지에서는 야간에 $45dB$ 이하로 규정하고 있지만 비행기나 철도, 자동차 등으로 인해 기준을 초과하는 시끄러운 소리에 시달리다가 소송이 번지는 경우가 끊이지 않는다. 최근에는 아이의 목소리나 아파트 위층 주민의 발소리 때문에 잠을 이룰 수 없는 사람도 늘고 있다.

침실 밖의 소음은 주로 창문이나 출입문 등의 개구부를 통해 늘어온다. 그래서 조용히 잠들기 위해서는 문을 닫거나 창문에 두꺼운 커튼을 치는 것이 좋다. 예산이 있다면 창틀이나 문을 방음 효과가 높은 것으로 바꾸거나 벽에 방음 소재를 넣으면 효과적이다. 이웃이나 상하층에서 나는 소리가 시끄럽게 느껴진다면 과감히 그 사람들과 친해지면 같은 크기의 소리라도 소음이라고 생각하지 않게 된다. 그를 계기로 새로운 친구가 생긴다면 더할 나위 없을 것이다.

요즘 주택은 차음 효과가 뛰어나기 때문에 바깥소리보다 집안에서 발생하는 소리가 더 신경 쓰일 수 있다. 전자제품을 선택할 때 되도록 조용한 제품을 사거나 집안일을 하는 시간대를 잘 조정해서 조용한 수면 시간을 확보하자. 최종적으로는 귀마개나 이어머프도 도움이 되는데 알람시계나 화재경보기의 알람이 들리는 것을 확인한 후에 사용하면 좋다.

생활 속 요령으로는 '마스킹'이라는 방법도 있다. 소음이 신경 쓰여서 잠을 잘 수 없을 때는 좋아하는 음악을 틀면 좋다. 크지만 기분 좋은 소리로 불쾌한 작은 소리를 숨겨버리는 마스킹 효과로 인해 소음을 신경 쓰지 않게 된다. 조용한 클래식이나 릴랙스 효과가 있는 곡을 트는 것도 좋을 것이다. 방송하지 않는 TV에서 나오는 '뚜~'라는 백색소음에도 수면촉진 효과가 있는 것으로 나타나 백색소음을 발생하는 장치나 소프트웨어도 판매되고 있다.

잠든 동안에도 외부의 자극을 전혀 느끼지 않는 것은 아니다. 위기 상황이 발생하면 바로 깨어날 수 있도록 뇌 일부는 수면 중에도 잠을 자지 않고 망을 보고 있다. 소리 중에서는 특히 자신의 이름에는 민감하게 반응한다. 이 특성을 이용해 미리 녹음해 둔 자신의 이름을 기상 시각에 테이프 등으로 틀면 개운하게 깰 수 있다는 사실이 증명되었다. 이러한 기능을 가진 알람 시계도 시판되고 있으므로 실제로 사용해 보는 것도 좋다.

주요 생활 소음의 크기

	종류	음량(dB)
집 밖 소 리	어린이의 발소리	50~65
	자동차 아이들링	65~75
	문과 창문의 개폐음	70~80
	사람의 말소리(큰 소리)	90~100
	개 짖는 소리	90~100
집 안 소 리	에어컨	40~60
	온풍기 히터	45~55
	사람의 말소리(일상)	50~60
	TV	55~70
	욕조 또는 급배수음	55~75
	세탁기	65~70

글리신은 생물이 탄생하기 훨씬 오래전인 태곳적 지구에도 존재했다고 생각되는 가장 오래된 아미노산으로 많은 식자재에 함유된 흔한 물질이다. 특히 새우와 가리비, 오징어, 게, 청새치 등의 어패류에 풍부해 이들의 감칠맛을 담당힌다. 민약 영양 균형이 좋은 식생활을 하고 있다면 하루에 3~5g의 글리신을 섭취하고 있을 것이다. 그리고 그 이상의 양이 체내에서 합성되고 있다.

☼ 플라세보 효과 실험에서 발견된 수면 개선 성분

약의 유효성을 과학적으로 판정하기 위해서는 알아보고 싶은 약과 아무런 효과가 없는 대조약(플라세보)의 효과를 비교한다. 보통 대조약으로는 포도당이나 밀가루 등의 흔한 소재가 사용하는데, 2002년 일본의 식품 기업인 아지노모토에서 진행한 실험에서 대조약으로 글리신을 사용했다. 글리신은 몸속 어디에나 있는 아미노산이기 때문에 특별한 기능은 없으리라고 생각했기 때문이다.

이 실험에서는 아지노모토 연구소의 연구원들이 연구 중인 아미노산 혹은 대조약인 글리신을 매일 먹었다. 그런데 이 실험에 참여하고 있던 연구원 중에 원래 수면의 질이 나빠서 낮 동안 몸의 나른함을 느끼고 있는 사람이 한 명 있었다. 그는 대조약인 글리신을 먹고 있었는데 글리신을 먹은 밤에는 푹 잠들고 다음 날에 나른함을 느끼지 않았다는 사실을 깨달았다.

그는 실험 기간이 끝난 후에도 글리신을 집으로 가져와 자체 실험을 몇 주에 걸쳐 반복했다. 이것이 글리신의 수면 개선 효과에 관한 연구의 시작점이 되었다.

일상적으로 수면에 문제를 느끼는 남성 3명, 여성 8명, 총 11명(평균 연령 41세)을 대상으로 글리신에 의한 수면 패턴의 변화를 조사했다. 취침 전에 글리신 3g이 포함된 식사 또는 글리신이 포함되지 않은 식사(대조식)를 섭취한 후 수면 중 뇌파를 기록해 소등 후에 깊은 잠(서파수면)이 될 때까지의 시간을 계측했다. 대조식 그룹은 서파수면까지 60분이 걸렸지만 글리신을 섭취한 그룹에서는 약 절반인 33분밖에 걸리지 않았다. 즉 글리신을 섭취하면 신속하게 깊은 수면에 도달해서 자연스러운 수면 패턴에 접근할 수 있었던 것이다.

일상의 수면에 불만이 없는 사람도 수면 시간이 충분하지 않을 때는 글리신을 섭취해 두면 효과가 있다. 남성 7명에게 자기신고를 통해서 쾌적한 수면 시간의 75%를 기준으로 수면 간격을 제한해 피로감 및 졸음에 관한 설문조사와 컴퓨터를 이용한 작업 효율 테스트를 다음 날 오전 10시와 오후 2시, 오후 6시에 실시했다. 취침 전 글리신을 3g 섭취했을 때는 글리신을 섭취하지 않았을 때에 비해 다음날 피로감이나 졸음이 적고 컴퓨터를 사용한 작업의 반응이 빨라졌다. 이 효과는 종일 지속되지만 피로감은 오후 2시에 유의미하게 적고 반응 시간은 오전 10시와 오후 2시에 유의미하게 짧은

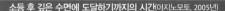

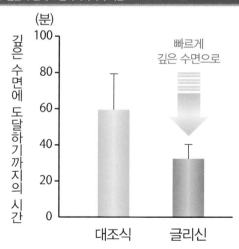

소등 후 깊은 수면에 도달하기까지의 시간(아지노모토, 2005년)

(분)
깊은 수면에 도달하기까지의 시간

빠르게 깊은 수면으로

대조식　　글리신

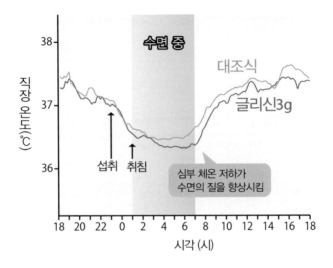

수면 중 심부 체온의 변화(나가오, 2007년)

직장 온도(℃)

수면 중

대조식

글리신3g

섭취 취침

심부 체온 저하가
수면의 질을 향상시킴

시각 (시)

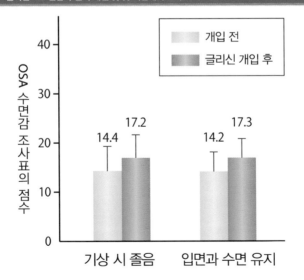

글리신으로 인한 수면의 개선 및 낮 시간대의 효과(다나카, 2008년)

OSA 수면감 조사표의 점수

개입 전

글리신 개입 후

14.4   17.2   14.2   17.3

기상 시 졸음   입면과 수면 유지

것으로 나타났다.

글리신은 어떤 메커니즘으로 수면에 영향을 주고 있는 것일까? 건강한 자원봉사자 10명(남성 3명, 여성 7명, 20~57세)에게 취침 2시간 전에 글리신 3g이 포함된 글리신식 또는 대조식을 섭취하도록 하고 그 후 1분마다 직장, 손등, 이마, 발등의 표면 온도를 측정했다. 글리신식을 섭취한 그룹에서는 대조식을 섭취한 그룹에 비해 취침 4시간 후부터 3시간 동안 유의미하게 직장 온도가 저하되었다. 동시에 발등의 표면 온도 상승도 확인되었다. 이러한 점에서 글리신은 말초의 혈류량을 증가시켜 열의 방산을 촉진하고 심부 체온을 저하시켜서 수면의 질 향상에 관여하고 있다고 생각된다.

지금까지 살펴본 바와 같이 수면에 문제가 있거나 수면 시간을 줄여야 할 때는 취침 전 글리신을 3g 섭취하면 수면의 질이 개선된다. 글리신은 다양한 재료에 포함되어 있지만, 잠들기 전 식사만으로 충분한 양의 글리신을 섭취하기란 쉽지 않다. 그럴 때는 보충제로 보충하는 것도 좋은 방법이다.

05 기능성 성분: 테아닌

차에 흥분 작용이 있는 카페인이 포함되어 있다는 사실은 잘 알려져 있지만, 사실은 수면을 재촉하는 성분도 함유되어 있다. 녹차 맛에 관여하는 성분인 테아닌이 그 성분이다. 테아닌은 차와 일부 버섯에 함유된 아미노산의 일종이다. 건조한 찻잎의 중량의 1~2%를 차지하며 아미노산 중에서는 가장 많이 함유되어 있다. 녹차나 우롱차, 홍차 등 찻잎으로 만들어지는 차에는 모두 포함되어 있으며 특히 옥로차 등 고급 차에 많은 것이 특징이다.

테아닌은 도파민과 세로토닌, 노르아드레날린 등 뇌 내 신경전달물질의 기능에 작용해서 혈압과 기억학습능력, 뇌혈관에 영향을 미친다. 또 뇌의 억제계 신경을 활성화하고 흥분계 신경을 진정시킴으로써 잠이 잘 오거나 수면을 유지 · 연장해 준다.

테아닌의 수면 개선 효과를 검토하기 위해서 2004년에 건강한 남성 22명을 대상으로 실험을 진행했다. 우선 평소 취침 시각 1시간 전에 테아닌 200 mg(테아닌 조건) 혹은 플라세보(플라세보 조건)를 물로 마셨다. 이를 6일간 반복한 후에 하루 쉬고 앞서 마신 것이 아닌 다른 쪽을 6일간 복용하게 했다.

테아닌 조건이 플라세보 조건에 비교해 확연히 뛰어났던 항목은 피로 해소감과 주관적인 수면 시간이었다. 어느 쪽이 더 잠들기 좋았냐는 질문에 대해서는 70%의 사람이 '테아닌 조건에서 더 잘 잤다'라고 대답했다. 수면 효율(=실제 수면 시간/취침부터 기상까지의 시간)이 플라세보 조건에서 94%였던 것에 비해 테아닌 조건에서는 97%로 명백히 개선되었다. 또 중도 각성 시간은 플라세보 조건에서 20분이었던 것이 테아닌 조건에서는 13분으로 명백히 감소했다. 특히 수면 전반부에 비교해 후반부에서는 중도 각성 감소가 더 큰 경향을 보였다.

이러한 결과를 통해 테아닌을 취침 1시간 전에 섭취하면 잠이 잘 오고 입면 후에도 푹 숙면할 수 있어서 한밤중에 깨어나는 일이 줄어들고 수면의

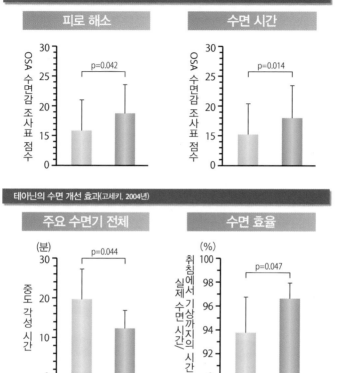

효율이 개선되는 것으로 나타났다. 또 수면 중 피로 해소 과정이 원활하게 진행되어 기상 시 재충전 느낌을 더욱더 강하게 느끼게 된다고 한다.

그렇다면 테아닌을 낮에 섭취하면 부작용이 생길까? 몇 가지 실험 결과로부터 낮에 테아닌을 섭취해도 밤과는 달리 각성 수준의 저하나 졸음의 증강은 일어나지 않고 오히려 릴랙스도가 상승하는 것으로 나타났다. 이는 테아닌이 섭취하는 시간대에 따라 각성 상태와 졸음을 적정한 수준으로 조정해 야간에는 수면촉진 작용을, 낮에는 각성 작용을 발휘하기 때문으로 보인다. 따라서 낮에 테아닌을 섭취해도 작업 능률이 저하되거나 실수나 사고를 일으킬 위험이 증가할 가능성은 적다.

교감신경과 부교감신경을 합쳐서 자율신경이라고 하는데, 이 자율신경의 균형은 하루 중 주기적으로 변동한다. 낮에는 교감신경이 우위에서 활발하게 행동하고 밤에는 부교감신경이 우위를 점해서 잠들기가 쉬워진다.

테아닌으로 인해 수면 중 자율신경의 활동에 어떤 변화가 나타날지를 알아보는 실험이 중장년 여성 20명을 대상으로 진행되었다. 이불에 눕는 시각 1시간 전에 늘 테아닌 200㎎ 혹은 플라세보를 물로 섭취하도록 했다. 테아닌이나 플라세보 중 한쪽을 6일간 복용한 후 약제의 효과를 없애기 위해 이틀 동안 쉬었다가 6일 동안 다른 쪽을 섭취했다.

그 결과, 부교감신경의 활동이 수면 전반부에서 확연히 늘었고, 반대로 교감신경 활동은 수면기 전체에서 뚜렷하게 억제되었다. 이는 객관적으로 수면의 질이 개선되었음을 의미한다. 더욱이 주관적으로도 기상 시 피로회복감이 개선되는 경향이 있었던 점에서 미루어볼 때 테아닌은 수면에 불만이 있는 중장년 여성의 만족도를 높일 가능성이 있어 보인다.

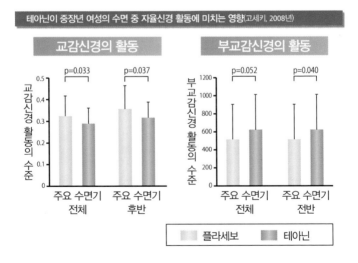

테아닌이 중장년 여성의 수면 중 자율신경 활동에 미치는 영향(고세키, 2008년)

06 기능성 성분: 카페인

정신을 차리기 위해 1잔, 혹은 지루한 회의 때 1잔과 졸음을 깨우기 위한 음료라고 하면 가장 먼저 커피나 차 등 카페인 음료가 떠오른다. 과연 어떤 메커니즘으로 인해 카페인이 졸음을 쫓아주는 걸까?

19페이지에서 이야기했듯이 뇌 속에서 일하는 수면 물질 중 하나가 아데노신이다. 아데노신은 GABA 작동성 신경을 통해 뇌 활동을 억제하거나 시상하부에 있는 논렘수면의 중추에 작용해 뇌 전체를 잠들게 하는 기능이 있다. 그래서 아데노신이 뇌에 쌓이게 되면 졸음이 강해지게 된다. 카페인은 아데노신이 세포에 작용하는 것을 방해해서 졸음을 줄인다. 또 뇌의 보수계(報酬系)라는 부분을 자극하기 때문에 깨어 있는 것이 즐겁고 왠지 모르게 기분 좋게 해서 각성도도 높여준다.

카페인의 흡수 속도는 비교적 빨라서 입으로 들어온 45분 후에는 99%가 흡수된다. 카페인 섭취 후 혈액 속 농도가 최대가 되기까지의 시간은 조건에 따라 편차가 있으며 15~120분 정도이다. 예를 들어 따뜻한 커피를 마신 경우 혈중농도가 최대가 되는 것은 섭취 후 30분~1시간 정도인데 아이스 커피를 마시면 소장 점막의 모세혈관이 수축되고 위장 운동도 저하되기 때문에 1~2시간 정도 뒤에야 최대치에 도달하게 된다. 혈액 속 카페인 농도가 최고치의 절반까지 줄어드는 시간(반감기)은 건강한 사람의 경우 2시간 반~ 4시간 반 정도이다. 나이나 간 기능에 따라 변화하기 때문에 젊은 사람은 1~2시간 정도, 고령자는 4~5시간 정도가 카페인 효과를 기대할 수 있는 시간이다.

카페인은 커피나무와 다목(茶木), 카카오나무에 함유되어 있다. 그래서 이 식물들을 원료로 한 제품에는 많든 적든 카페인이 함유되어 있다(173페이지 표 1). 그리고 예를 들어 같은 커피라도 콩의 산지나 종류, 뜨거운 물

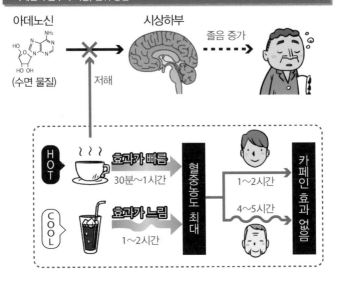

의 온도, 추출 시간, 추출량에 따라 카페인의 양이 달라진다.

　커피나 차에는 카페인이 포함되어 있다는 사실을 알아도 초콜릿이나 코코아, 콜라, 강장제는 간과하기 쉽다. 초콜릿이나 코코아는 커피와 비교해 카페인이 적지만 흥분·각성 작용이 있는 테오브로민이라고 하는 물질이 포함되어 있다(173페이지 표 2). 밤을 새우는 어린이나 밤에 과자를 먹는 습관이 있는 사람은 이러한 종류를 과도하게 섭취하고 있지 않은지 체크해야 한다.

　수면 물질인 아데노신을 차단함으로써 카페인은 졸음을 깨운다. 그리고 작업 성적도 올려준다. 이 작용은 각성 수준이 낮을 때나 피로가 심할 때 특히 높은 효과를 발휘한다. 그래서 아침에 눈을 떴을 때 커피나 차를 마시는 것은 새로운 하루를 상쾌한 기분으로 시작하기 위한 합리적인 행위이다.

　커피 브레이크나 티타임에 카페인을 섭취하면 주간의 졸음을 줄여준다. 낮잠 후 수면 관성(더 자고 싶은 마음)을 빨리 없애기 위해서는 카페인을 섭취하는 타이밍이 중요하다. 밤 수면에 악영향을 미치지 않기 위해서 낮잠은 30분 이내를 권장한다. 한편 카페인을 섭취하고 나서 각성 효과를 발휘할 때까지는 30분의 시차가 있다. 그래서 낮잠을 30분 만에 끝내고 게다가 시원하게 눈을 뜨기 위해서는 낮잠 전에 카페인을 섭취하는 것이 가장 좋다.

표1: 카페인 함유량(단위: mg)

종류		카페인(mg)
커피 (1잔)	드립	84~112
	인스턴트	60~70
	에스프레소	62
	디카페인	1~4
홍차 (1잔)	티백	27~40
	찻잎	8~30
	인스턴트	20
탄산음료 (350mL)	마운틴듀	56
	코카콜라, 제로 콜라	46
	선키스트 오렌지	42
	펩시콜라	38
강장제(1잔)		50
의약품	졸음방지제	100~200
	해열 진통 소염 배합제, 종합 감기약, 진해 거담 배합제, 비염용 내복 배합제, 멀미약	20~(1회분)

표2: 카페인과 테오브로민 함유량(단위: mg)

종류		카페인(mg)	테오브로민(mg)
초콜릿 (1온스: 28g)	블랙	5~35	150~300
	밀크	1~15	75~150
	화이트	1~5	15~25
코코아 (5온스: 150ml)	코코아	2~20	75~150
	밀크코코	1~15	50~100

07 알코올

알코올에는 불안을 줄이거나 기분을 가라앉히고 잠을 청하는 작용이 있다. 그래서 세계 각지에서 자기 전에 술을 마시는 풍습을 볼 수 있다. 유럽과 미국에서는 자기 전 마시는 술로 리큐어나 증류주 등 알코올 도수가 높은 것을 선호하며 자기 전에 마시는 술 자체를 뜻하는 '나이트캡'이라는 칵테일까지 있다.

세계 중에서도 특히 일본은 자기 전에 술 마시기를 즐겨한다. 2002년에 실시된 유럽 및 미국이나 아시아의 10개국을 비교한 조사에 따르면, 일본인은 불면 때문에 의료기관에서 진찰하는 비율이 극단적으로 적었고, 그 대신 불면을 해소하기 위해 알코올을 섭취하는 비율이 압도적으로 높은 30% 이상을 차지했다(그림 참조).

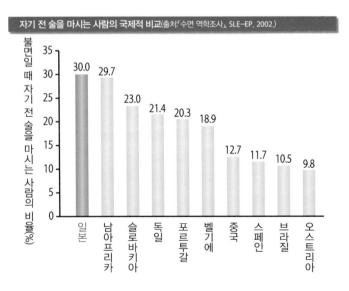

자기 전 술을 마시는 사람의 국제적 비교(출처「수면 역학조사」, SLE-EP, 2002.)

또 일본 구루메대학병원의 수면장애 외래에서 진찰받은 50세 이상 불면증 환자 중 무려 80% 이상이 수면제 대신 술을 먹고 있었다는 조사 결과도 있다. 일본인에게는 '수면제보다 술이 더 안전하다'라는 믿음이 있는 것 같은데 과연 그 믿음은 사실일까?

소량의 알코올을 마시면 잠이 잘 드는 것은 사실이다. 알코올은 뇌 속에서 흥분계 신경전달물질인 글루탐산의 작용을 억제하고 억제계 신경전달물질인 GABA 수용체를 자극함으로써 진정이나 최면 작용을 발휘한다. 이 효과 때문에 옛날부터 전 세계에서 자기 전 음주를 애호해 왔다.

그런데 알코올은 양이 늘어나면 수면의 질을 나쁘게 만든다. 체중 1kg당 1g 정도의 중등량의 알코올은 수면 전반부에 깊은 수면이 증가하지만 후반부에는 얕은 수면이 증가해 한밤중에 눈을 뜨기 쉬워진다. 게다가 다량의 알코올을 계속 마시다 보면 처음에 있던 최면 효과가 점차 약해져 내성이 생기게 된다. 며칠 후에는 마시기 전보다 수면 시간이 짧아지기 때문에 수면 시간을 확보하려고 술의 양을 늘리면 알코올 중독의 위험이 커진다.

일정 기간 술을 매일 마신 뒤 '이러면 안 되겠다'라고 생각해서 갑자기 음주를 중단하면 일시적으로 불면증이 심해진다. 이때 불면증을 치료하기 위해서 의료기관에서 진찰을 받으면 좋겠지만, '시간이 없다'라거나 '귀찮다'라고 생각하다 보면 다시 알코올에 의존한 생활에 빠져 버린다. 술을 마신 밤에는 왠지 화장실 생각에 몇 번이나 눈이 떠진다. 알코올과 함께 마신 수분을 배출하기 위해 화장실에 가는 것은 자연스러운 일 같지만, 진짜 이유는 따로 있다. 잠을 자는 동안에는 소변이 만들어지지 않도록 하기 위한 호르몬이 분비된다. 그런데 알코올이 이 호르몬의 기능을 방해해서 잠든 사이에도 소변이 고이게 된다. 수면 후반부가 되면 알코올 때문에 잠이 얕아져서 화장실에 가기 위해 잠에서 깨서 수면이 끊어지는 것이다.

또 알코올은 혀의 근육을 마비시키므로 천장을 보고 잠들었을 때 혀가 목구멍으로 빠지기 쉬워진다. 게다가 코의 점막이 붓고 코가 막힌다. 이 증상들이 합쳐져서 코에서 목까지의 공기 통로가 좁아져서 코를 골기 쉬워진다. 코를 골 때는 몸에 산소를 충분히 흡수할 수 없기 때문에 수면이 얕아지고 중도 각성이 늘어나 숙면감이 줄어들게 된다.

　잠들 때 알코올의 혈중농도가 0이면 적어도 수면에 대한 알코올의 악영향을 막을 수 있다. 그러기 위해서는 체중 60*kg*의 건강한 사람이 오후 11시에 잠을 잘 경우 오후 8시까지 알코올 농도 15%인 일본주는 150~220mL, 알코올 농도 5%인 맥주라면 450~675mL가 한도이다. 그러니 잠을 자기 위한 음주는 그만두고 저녁 식사 때 반주로 술을 마시는 편이 좋다. 또 일주일에 1~2일은 술을 마시지 않는 휴간일(休肝日)을 두도록 하자.

연속 음주 시의 수면촉진 효과의 감약(減弱)과 이탈성 불면(히사카와, 1993년)

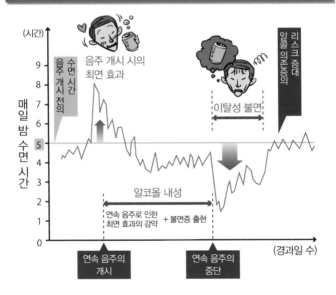

2008년 후생노동성의 조사에 따르면 일본인의 흡연율은 21.8%였다. 남성 흡연율은 36.8%로 1995년보다 점차 감소하고 있다. 한편 여성 흡연율은 9.1%로 1989년부터 9~12% 사이를 오르내리면서 서서히 늘고 있다.

담배를 피우는 사람의 변명으로는 '머리가 맑아진다'와 '진정이 된다'라는 상반되는 이유가 있다. 잠에서 깨기 위한 담배 한 대피는 머리가 맑아지는 것처럼 느껴지고 취침 전에 피우는 한 대피는 기분이 차분해지고 잠이 잘 들기 때문이라고 한다.

담배에 포함된 니코틴에는 많은 작용이 있어서 각성 작용도 진정 작용도 포함되어 있다. 어느 쪽의 작용이 강한가 하면 각성 작용이 더 강하게 나타

흡연율의 경시적 추이(출차: 「JT 전국 흡연자 비율 조사」)

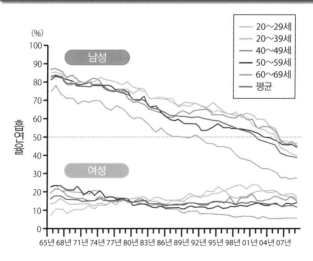

난다. 니코틴의 체내 반감기는 약 2시간이기 때문에 취침 전 2시간은 담배를 피우지 않는 편이 수면에 좋다. 또 눈을 떴을 때 바로 담배를 피우고 싶어지는 사람은 이미 니코틴에 중독된 상태이다. 수면 중 혈액 속 니코틴 농도가 저하되었기 때문에 니코틴이 필요해진 것이다. 이런 상태라면 빨리 금연 외래에 가서 진찰받도록 하자.

금연이 수면에 미치는 영향

금단 증상 → 중도 각성 → 주간의 졸음

치료

니코틴 패치

니코틴 패치를 붙이면 중도 각성의 수를 줄일 수 있습니다

금연과 수면의 질 개선이라는 선순환이 된다면 이상적이겠지요

담배를 피우는 사람은 피우지 않는 사람에 비해 수면 시간이 짧아지고 수면의 질도 악화된다. 비흡연자 2,916명, 금연자 2,705명, 흡연자 779명을 조사한 연구에서는 비흡연자와 비교해 흡연자는 잠자리에 든 후 잠들기까지의 시간이 평균 5분 길고 총 수면 시간이 평균 14분 짧은 것으로 나타났다. 또 흡연자는 얕은 수면이 24% 늘고 깊은 수면이 14% 줄었다. 게다가 수면 무호흡증에 걸릴 확률이 2.5배나 상승했다. 비흡연자와 금연자는 수면의 양이나 질에 뚜렷한 차이는 없었다. 흡연자분들께는 수면을 좋게 한다는 관

점에서도 금연을 권장한다.

금연이 어려운 이유 중 하나가 금단 증상의 괴로움이다. 담배를 끊은 후 며칠간 금단 증상으로 인해 한밤중에 깨어나는 일이 증가하고 낮 동안 졸음이 강해진다. 자력으로 금연이 어려울 때는 보험으로 치료받을 수 있는 금연 외래에서 진찰받도록 하자. 니코틴 패치를 붙이면 한밤중에 깨어나는 횟수가 줄어들고 깊은 수면이 늘어나는 것이 확인된다. 금연 치료에는 니코틴 패치 외에 니코틴 껌이나 니코틴을 포함하지 않는 알약이 사용된다. 주치의와 잘 상의해서 평생 담배와 인연을 끊도록 하자.

09 자극 컨트롤 요법

20세기 초 사육사의 발소리를 듣고 침을 흘리는 개를 보고 러시아의 생리학자 이반 페트로비치 파블로프는 조건반사를 발견해 노벨 생리의학상을 수상했다. 수면과 그와 관련된 것들 사이에서도 조건반사가 나타난다.

잠을 잘 자는 사람의 머릿속에서는 침실이나 이불, 취침 시각 등은 수면과 관계있는 것으로 알려져 있다. 이불에 들어가면 저절로 졸리는 것은 조건반사 중 하나이며, 직전까지 떠들고 있던 아이들 모두 불을 끄자마자 쌕쌕대기 시작하는 것도 조건반사가 잘 되고 있다는 증거이다.

그런데 불면이 오랫동안 길어지면 평소 같으면 수면과 관련지어져야 할 일들이 불면과 연결되게 된다. 즉 '이불 · 침상 · 침실 · 취침 시각=불면의 원인'이라는 생각이 고정되어 버리는 것이다. 이렇게 되면 좋지 않은 상태의 조건반사가 되어 잠을 자려고 이불에 들어가도 행동과는 반대로 눈이 떠지게 된다. 이 상태를 '조건 불면'이라고 한다.

조건 불면의 치료를 위해 미국의 리처드 부틴 등이 1987년에 '자극 컨트롤 요법'을 발표했다. 이 요법에서는 불면으로 이어지는 사고의 악순환을 끊고, '이불 · 침상 · 침실 · 취침 시각⇒ 릴랙스 · 숙면 · 행복'이라고 생각하는 것을 목표로 한다. 자극 컨트롤 요법은 6가지 단순한 규칙으로 이루어지며 심리학적인 기법에 따라 침실이나 침대가 수면과 연결된 조건이 되도록 재학습하는 대처법이다.

1994년 모린이 실시한 불면에 대해 약을 사용하지 않는 치료성적 분석에 따르면 자극 컨트롤 요법의 효과 크기는 수면 잠시(침대에 누운 후 실제 잠들기까지의 시간) 0.81, 중도 각성 시간 0.70, 중도 각성 횟수 0.59, 수면 시간 0.41이었다. 효과 크기라고 하는 것은 치료를 한 그룹과 실시하지 않은 그룹의 평균값 차이의 표준 편차를 말하며, 0.2~0.5는 작은 효과, 0.5~0.8은

자극 컨트롤 요법의 실시 방법: Rule 1~6

Rule 1: 졸릴 때 눕기

눈을 뜬 채로 잠이 안 오는 것을 고민하면서 이불 속에 있는 시간이 길어지지 않도록 하기 위한 규칙이다. 졸리지 않은데 눕는 것은 시간 낭비이다.

Rule 2: 침실을 수면과 섹스 외의 목적으로 사용하지 않기

수면과 침실을 적극적으로 연결해서 생각하기 위한 규칙이다. 침대나 이불은 섹스를 제외하고는 수면할 때만 사용하고 다른 용도로 사용하지 않도록 하자.

Rule 3: 졸리지 않으면 침실에서 나와서 다른 방으로 이동하기

건강한 사람이라면 이불에 누워서 눈을 감으면 15분 이내에 잠들기 시작한다. 15~20분이 지나도 잠들지 못한다면 침실에 있어봤자 시간 낭비이다. 침실에서 나와서 다른 방으로 가서 릴렉스할 수 있는 일이나 머리를 쓰지 않아도 되는 단순한 작업을 하자.

Rule 4: 졸릴 때까지 밤을 새워서라도 Rule 3을 반복하기

졸리면 침실로 들어가 15~20분 있어 보고 그래도 졸리지 않다면 한번 침실에서 나와서 다른 방으로 가야 한다. 자극 컨트롤 요법에서는 잠들기 전까지 하룻밤 동안, 이 규칙을 계속 반복한다.

Rule 5: 수면 시간과 상관없이 아침에는 정해진 시각에 일어나기

아무리 수면 시간이 짧아졌더라도 아침에는 힘내서 이불에서 빠져나와야 한다. 기상 시각을 일정하게 하면 신체가 수면과 각성 리듬을 기억하기 쉬워진다.

Rule 6: 낮에는 졸거나 낮잠을 자지 않기

자극 컨트롤 요법은 졸음이 최대치에 이르렀을 때 침실로 향하는 것을 목표로 한다. 그래서 낮잠을 자거나 졸아서 수면 부족량이 줄어들면 그만큼 밤에 잠들기 어려워지는 것이다.

자극 컨트롤 요법

졸리지 않으면
침실에서 나오기

중간 정도의 효과, 0.8 이상은 큰 효과가 있음을 나타낸다.

즉, 자극 조절 요법은 잠이 잘 오지 않는 사람에게 잘 들어 밤중에 눈을 뜨기 쉬운 사람이나 숙면감이 적은 사람에게도 효과가 있고 실제 수면 시간도 조금 늘어난다고 한다.

게다가 1999년에 제출된 미국 수면의학회의 연구 결과에 따르면 자극 컨트롤 요법을 높이 평가해 약을 사용하지 않는 불면증 치료법의 표준법으로 최우선하도록 규정하고 있다.

⏰ 10 수면 제한 요법

정신생리성 불면증 등으로 잠을 못 이루는 사람들 대부분은 수면의 질보다는 수면 시간에 더 신경을 쓰며 조금이라도 수면 시간을 벌려고 해서 잠을 잘 이루지 못하는데도 조금이라도 더 누워있으려고 한다. 그래서 수면효율(침실에 있는 시간 중 실제 자는 시간의 비율)이 나빠진다. 밤의 졸음이 얕아지는 만큼 낮에도 졸음이 이어져서 낮잠이 들거나 졸기 쉽고, 밤에도 이른 시간부터 잠들고 싶어지는 악순환에 빠지게 된다.

잠자리에 있는 시간을 제한해 수면 부족으로 깊이 잠을 청하려는 불면증 대처법이 1980년대 스필먼 등이 개발한 수면 제한 요법이다. 지금까지의 연구에서는 수면 시간을 점차 줄여나가면 얕은 수면은 감소하지만 깊은 수면인 서파수면의 양은 변하지 않는다는 점이나 수면 부족 후에 잠을 자면 잃어버린 수면 전체는 회복되지 않지만 깊은 수면은 대부분 회복되는 것으로 나타났다.

또 수면은 시간×질이 중요하고 특히 중요한 깊고 양질의 수면은 처음 3시간 동안 나타난다. 필요 이상으로 오래 자면 낮의 각성도가 낮고 머리도 맑지 않게 된다. 잠자리에 있는 시간, 즉 잠자리에 든 후 잠자리에서 나올 때까지의 시간을 '상상(床上) 시간'이라고 하는데, 이 상상 시간과 정말 필요한 수면 시간의 차이를 줄여서 수면의 효율을 높이는 것이 수면 제한 요법의 목적이다.

불면증에 대한 수면 제한 요법의 적용 결과 분석에 따르면 잠이 잘 오지 않는 사람에게 효과가 좋고 한밤중에 눈이 잘 떠지는 사람이나 숙면감이 적은 사람에게도 효과가 있는 것으로 나타났다. 치료를 시작한 8주 후에는 수면 시간이 분명히 늘어나고 입면 시간이나 수면 효율, 수면에 대한 자기평가도 좋아진다. 또 치료 종료 후 3년이 지나도 효과가 유지되고 있다고 한다.

¤ 수면 제한 요법을 시행하는 방법: 스텝 1~6

수면 제한 요법은 다음의 6가지 단계에 따라 이루어진다.

○ 스텝 1: 필요한 수면 시간은 사람마다 제각기 다르다는 점을 인지한다

2006년 '사회생활기본조사'에 따르면 일본인 전체의 평균 수면 시간은 7시간 42분이다. 그러나 이는 수면 시간의 평균값을 나타내는 것일 뿐 각각의 사람의 신체와 뇌가 필요로 하는 수면 시간을 나타내는 것은 아니다. 수면의 길이와 패턴은 사람마다 매우 개성적이다. 나이와 성별에 따라 평균적인 수면 시간도 달라진다.

○ 스텝 2 : 상상 시간을 평균 수면 시간 플러스 15분으로 설정한다

우선은 자신의 수면 시간을 정확하게 알아야 한다. 그를 위해서는 12주간 수면일지(오른쪽 그림)를 써보면 좋다. 수면일지에는 잠자리에 든 시각, 실제로 잠든 시간, 잠에서 깬 시간, 잠자리를 벗어난 시각을 기재한다. 여기서 말하는 '수면 시간'이란 실제로 잠든 시간을 말하는데 이 진정한 수면 시간을 1~2주간 평균 낸 것이 당신의 현재 평균 수면 시간이다.

○ 스텝 3 : 기상 시각은 매일 일정하게 유지한다

잠이 잘 오지 않거나 아침에 좀처럼 일어나지 못하는 사람 중에는 수면과 각성을 조절하는 체내 시계가 고장 나 있는 사람이 많다. 평소 생활에서 평일 수면 부족을 주말에 보충하는 것은 어떤 의미에서는 좋은 일이다. 하지만 어긋나기 쉬운 체내 시계를 정상적으로 작동시키기 위해서는 매일 같은 시각에 일어나 생활의 올바른 리듬을 신체와 뇌가 익히도록 해야 한다.

○ 스텝 4 : 아침에 일어나자마자 수면 시간을 기록한다

수면 일지는 수면 제한 요법을 시작한 후에도 계속 써야 한다. 잘 때 머리맡에 두고 눈을 뜨면 바로 기록해야 깜박하지 않는다. '수면 시간 정도는 잊

어버릴 리 없으니까 괜찮아'라는 생각은 착각이다. 기록하다 보면 자신의 기억이 부정확하다는 점에 놀랄 것이다. 수면 일지는 작성한 채로 내버려 두지 말고 반드시 1주일마다 그 내용을 확인하자.

수면일지의 예시

날짜	요일	수면일지 0~22	년 월 이름 아침 기상 ○△×	낮의 졸음 ○△×	하루의 기분 ○△×	식사량 아침/점심/저녁	대변 횟수	소변 횟수
1								
2								
3								
4								
5								
6								
7								
8								
9								
10								
11								
12								
13								
14								
15								
16								
17								
18								
19								
20								
21								
22								
23								
24								
25								
26								
27								
28								
29								
30								
31								

○ 스텝 5 : 낮에 낮잠을 자거나 졸지 않는다

총 수면 시간을 단축하고 수면의 효율을 높이기 위해서는 꼭 필요한 낮잠이지만 수면 제한 요법을 시행하는 동안에는 금지해야 한다. 낮에 수면 부족을 쌓아 졸음이 절정에 달했을 때 잠자리에 들자마자 푹 자는 것이 수면 제한 요법의 목적이기 때문이다. 공부 중이나 일하는 중에 졸리면 가볍게 몸을 움직이거나 친구나 동료와 수다를 떨면서 졸음을 이겨내자.

○ 스텝 6 : 상상 시간 목표치의 90% 이상 잘 수 있으면 상상 시간의 목표
치를 15~20분 늘린다

수면 일지를 통해 일주일 단위로 실제 수면 시간을 계산한다. 일주일의 평균 수면 시간이 목표로 한 상상 시간의 90% 이상에 도달하면 상상 시간의 목표치를 15분 늘린다. 매주 상상 시간의 목표 달성률을 체크하고 목표를 달성하면 상상 시간 늘리기를 반복한다.

평균 수면 시간이 상상 시간의 목표치의 80% 이하밖에 되지 않는다면 전주의 평균 수면 시간까지 목표 시간을 줄이고 목표 시간이 5시간을 밑돈다면 5시간으로 설정한다.

수면 제한 요법의 사고방식

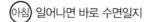 아침) 일어나면 바로 수면일지

자신에게 필요한 수면 시간을 알기

 낮) 치료 기간에는 낮잠 금지

졸음이 절정에 이르렀을 때 잠들기

밤) 효율이 좋은 수면을 지향

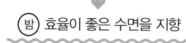

A: 기상 시간

(오차)   B: 평균 수면 시간

이 A와 B의 차이를 줄이는 것이
수면 효율의 향상을 의미합니다

원래 수면은 개성적이어서 왼쪽의
여섯 가지 스텝을 참고로 매주 차근차근
조절해나가는 것이 중요합니다

11 자율훈련법

'최면'이라는 말을 들으면 뭔가 수상한 이미지가 떠오를 수 있지만 최면은 심리학이나 정신의학 분야에서는 중요한 역할을 해 왔다. 정신분석을 시작한 프로이트도 한때 최면을 사용한 치료로 효과를 거뒀다. 여기서 다루는 자율훈련법은 정해진 말(=공식)을 마음속으로 반복함으로써 자신에게 가벼운 최면술을 거는 치료법으로 몸과 마음에 소소한 주의를 기울여서 근육을 이완시키고 침착하게 만드는 방법이다.

유럽 심신의학의 선구자인 독일 정신의학자 요하네스 하인리히 슐츠는 1926년 자기암시훈련법을 고안해 『자율훈련법』을 출판했다. 이 책의 첫 부분에는 '자율훈련법이란 최면에 걸렸을 때와 같은 상태가 되도록 합리적으로 구성된 생리학적 훈련법이다'라고 적혀 있다. 이를 계기로 최면 요법을 토대로 한 요가와 선(禪)을 도입한 자기 훈련법이 확립되었다. 그래서 자율훈련법은 자기 최면법 혹은 자기 이완 훈련법이라고도 불린다.

불면증에 대한 비약물요법의 결과 분석에 따르면 자율훈련법은 잠이 잘 오지 않는 사람에게 잘 들며 한밤중에 눈을 뜨기 쉬운 사람이나 숙면감이 적은 사람에게도 효과가 있는 것으로 나타났다.

자율훈련법의 표준연습은 오른쪽 표에 나와 있는 것과 같은 7단계로 구성되어 있다. 연습에서는 심신이 편안한 상태에서 '공식'이라고 불리는 정해진 말을 마음속으로 반복한다. 이 공식은 허울뿐인 말에 그치지 않고 연습 중에 일어나는 몸과 마음의 생리적 변화를 보여준다.

자율훈련법을 효과적으로 연습하기 위해서는 1회 3~5분인 한 세션을 하루 2~3회 진행해야 한다. 짧은 시간이라도 좋으니 매일 꾸준히 연습하는 것이 중요하다. 연습하는 시간대는 기상 직후, 점심 식사 후나 저녁 식사 후, 잠들기 전 등 릴랙스하기 쉬운 시간대를 선택한다. 푹 잠들기 위해서는

안정 연습: 배경공식 '마음이 차분하다'
사지중감(四肢重感) 연습: 제1공식 '양팔 양다리가 무겁다'
사지온감(四肢溫感) 연습: 제2공식 '양팔 양다리가 따뜻하다'
심장조절 연습: 제3공식 '심장이 침착하게 규칙적으로 뛴다'
호흡조절 연습: 제4공식 '편하게 호흡한다'
복부온감 연습: 제5공식 '배가 따뜻하다'
액부량감(額部涼感)연습: 제6공식 '이마가 기분 좋게 시원하다'
(연습의 마지막에는 소거 동작)

취침 전에도 연습해보면 좋을 것이다.

연습 전에는 주변 환경이나 몸 상태를 정돈해 둘 필요가 있다. 연습할 장소는 최대한 소음이 적고 조용하며 너무 밝지도 어둡지도 않은 곳을 선택한다. 넥타이나 벨트, 손목시계 등 몸을 조이는 것은 느슨하게 하거나 분리

자율훈련법을 할 때는 릴랙스하기 쉬운 세 종류의
기본 자세를 추천

① 앙와(仰臥)자세

이불과 침대 위에서 천장을
보고 똑바로 눕기

② 단순 의자 자세

보통 의자에 걸터앉기

③ 소파 자세

소파 등에서 머리를
기대고 눕기

해 둔다. 신발도 신발에서 슬리퍼나 샌들 등 편한 것으로 바꿔도 좋다.

먼저 안정 연습부터 시작하는데 이 연습이 자율훈련법의 모든 단계의 기초이므로 확실히 몸에 익히도록 하자. 편안해서 안정되고 자연스러운 자세로 천천히 호흡하면서 '침착하다' 혹은 '기분이 매우 차분하다'라는 배경공식을 마음속으로 여러 번 반복한다. 이는 자신의 상태에 주의를 기울이고 마음이 차분해졌음을 자각하는 연습이다. '마음을 가라앉히겠다'라는 의지의 표현이나 '마음이 차분해지고 있다'라는 진행형이 아니다.

이어서 사지중감 연습의 '양팔 양다리가 무겁다'와 사지온감 연습의 '양

배경공식

'마음이 차분하다'

제1공식

'양팔 양다리가 무겁다'

제2공식

'양팔 양다리가 따뜻하다'

팔 양다리가 따뜻하다'라는 공식을 마음속으로 되새긴다. 이때는 팔과 다리에 마음을 집중해 실제 무게와 따뜻함을 실감하게 된다. 여기까지 습득하면 자율훈련법 효과의 60% 정도를 얻을 수 있어 상당히 쉽게 편안한 상태를 만들 수 있다. 현재 특별히 불면증의 원인이 되는 질환이 없고 효율적인 수면을 얻기 위해서 자율훈련법을 시행하는 사람이라면 사지온감 연습까지 마스터하면 충분히 도움이 될 것이다.

손발 온도가 올라가는 현상은 실험에서도 확인되었다. 고마자와대학의 사사키 유지 교수가 자율훈련 중인 환자 80명의 피부 온도를 측정했더니 84%에 해당하는 67명으로 피부 온도가 상승했고 손가락 끝의 혈액량을 측정한 35명 중 혈류량이 늘지 않은 사람은 불과 3명이었다. 다른 연구자들의 연구 결과도 합치면 자율훈련 중 피부 온도는 2~3℃, 사람에 따라서는 5~6℃ 상승하는 것이 분명하다.

진도를 더 나가고 싶다면 심장조절 연습의 '심장이 조용히 규칙적으로 치고 있다', 호흡조정 연습의 '편안하게 숨 쉬고 있다', 복부온감 연습의 '배가 따뜻하다', 액부량감 연습의 '이마가 기분 좋게 시원하다'라는 각 공식을 각 부위에 마음을 집중하면서 주창한다.

연습의 마지막에는 반드시 최면 상태를 푸는 '소거 동작'을 실시한다. 먼저 손가락을 5~6회 세게 쥐었다 폈다 한다. 다음으로 팔꿈치 굽히기도 미찬가지로 여러 번 실시한다. 마지막으로 몸 전체로 크게 기지개를 켜고 눈을 뜨면 끝난다.

제3공식

'심장이 침착하게 규칙적으로 뛴다'

↓

제4공식

'편하게 호흡한다'

↓

제5공식

'배가 따뜻하다'

↓

제6공식

'이마가 기분 좋게 시원하다'

마지막에 소거 동작을 합니다

손가락 → 팔꿈치 → 몸 전체

12 점진적 근육 이완법

불면을 릴랙세이션하는 방법으로 가장 많이 사용되고 있는 기법은 1934년 제이콥슨이 시작한 점진적 근육 이완법이다. 이 방법은 신체 각 부위의 근육에 힘을 줘서 의식적으로 근육의 긴장을 높여 놓은 다음 단번에 근육의 힘을 뺀다. 그러면 단순히 근육을 이완시켰을 때보다 더 강한 릴랙스 효과를 얻을 수 있다.

스트레스로 인해 불면증에 빠진 사람의 대부분은 자신의 몸이 과도한 긴장 상태에 있다는 점을 깨닫지 못한다. 근육 이완법을 통해 자신의 편안한 상태를 자각함으로써 그동안 항상 몸에 필요 없는 힘을 주고 있어서 잠들기 어려웠다는 사실을 깨닫게 된다. 또 근육 이완법에 집중함으로써 잠이 들 때의 불안이나 고민거리로부터 신경을 돌리는 효과도 있다. 점진적 근육 이완법을 실시하면 치료 대기군이나 플라세보군에 비해 잠자리에 들고 나서 잠들기까지의 시간(입면 시간)이 짧아진다는 사실이 실증되었다.

점진적 근육 이완법을 시행할 때는 먼저 잠자리에 눕는다. 양다리는 약간 벌리고 양팔은 몸통이나 허벅지에서 약간 떼어 둔다. 처음에는 눈을 뜨고 평소처럼 눈을 깜박인다. 마음이 차분해지면 조용히 눈을 감자.

다음으로 평소와 같은 호흡을 하면서 몸 안에서 특히 결림이 강한 곳이나 근육이 비정상적으로 긴장하고 있는 곳은 없는지 살펴보자. 전신 체크가 끝나면 호흡의 속도를 20% 정도 늦추고 깊이도 20% 정도 깊게 한다. 호흡이 안정되면 숨을 들이쉴 때 가슴 호흡에서는 가슴의 근육이, 복식 호흡에서는 복부의 근육이 긴장하는 것을 의식한다.

준비되면 앞 페이지의 그림을 참고해서 근육을 이완시켜 나간다. 근육을 이완시킬 때 '반드시 릴랙스시키겠다'라며 과도하게 의식하면 반대로 그 생각이 긴장을 낳기 때문에 자연스럽게 긴장을 없애야 한다. 또 몸의 다른

점진적 근육 이완법의 순서
(출처: 大川匡子 · 宗澤岳史 · 三島和夫(編), 『不眠の医療と心理援助』를 일부 개편)

①
몸을 조이는 물건을 모두 느슨하게 하거나 풀어 놓고 편한 자세(천장을 보거나 앉은 상태)를 취하기

②
손발을 펴서 손을 양옆에 놓기

③
눈을 감고 양손으로 주먹을 쥐고 힘을 꽉 주기

(약 70%의 힘을 상상하며)

④
5초 정도 힘을 준 다음에 한 번에 풀기

(느슨해지는 상태를 지켜보며 30초)

②~④를 2번 반복
(손발에 온기가 돈다면 충분히 릴랙스된 것)

이완법은 잠시여도 좋으니 매일 훈련하자

양손이 끝나면 어깨나 다리, 얼굴도 긴장과 이완 연습을 하기
(자신이 하고 싶은 부위만 해도 OK)

부분에는 힘을 주지 말고 축 처진 편안한 자세로 누워있어야 한다.

처음부터 끝까지 했는데도 여전히 긴장이 풀리지 않았을 때는 다시 처음부터 해보자. 3번 정도 하다 보면 긴장이 상당히 풀리고 평온해질 것이다.

눈가의 근육을 푸는 근육 이완법

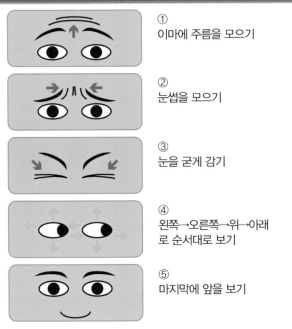

① 이마에 주름을 모으기

② 눈썹을 모으기

③ 눈을 굳게 감기

④ 왼쪽→오른쪽→위→아래로 순서대로 보기

⑤ 마지막에 앞을 보기

⏰ 13 인지행동요법

불면증에 걸리면 잘 자고 있을 때와는 다른 생각에 사로잡혀 버린다. 편향된 사고의 예시를 몇 가지 소개한다.

- · 불면은 자신의 건강에 심각한 악영향을 미치고 있다
- · 매일 밤잠을 잘 못 자다가는 인생이 엉망이 될 것이다
- · 낮에 활동적으로 생활하기 위해서는 꼭 8시간씩 자야만 한다
- · 피로가 풀리지 않는 것은 모두 불면 탓이다
- · 체내의 유해물질로 인해 불면증에 걸린다
- · 수면제를 먹기 시작하면 평생 끊을 수 없다

편향된 사고와 불면의 악순환

이러한 편향된 사고로 머리가 꽉 차면 불안함이 쌓여서 점점 더 잠에서 깨어난다. 게다가 '이런 생각을 해도 어쩔 수 없으니까 더는 생각하지 말자'라고 생각하면 도리어 그 생각에 집착하게 되어 고민과 불면의 악순환에 빠져들게 된다.

잠자리에서 멍하니 있는 사이에 이번에는 시계 소리와 창문으로 들어오는 빛, 방 온도와 습도가 신경 쓰이기 시작한다. 어떻게든 해보려고 잠자리에서 나와 시계를 쿠션으로 감싸거나 커튼을 다시 닫고는 에어컨을 조절하기도 한다. 나아가 잠드는 행위에서 벗어나 잠자리에서 책을 읽거나 TV를 보면 더욱더 잠이 오지 않는 것이 당연하다.

이러한 수면에 대한 잘못된 생각을 수정하는 것을 목표로 하는 것이 인지요법이다. 또 수면에 악영향을 미치는 행동이나 습관을 수정해서 다시 한번 잠들 수 있도록 하는 것이 행동 요법이다. 지금까지 설명해 온 자극 컨트롤 요법이나 수면 제한 요법은 행동 요법에 포함된다. 최근에는 불면증에 대한 효능이 뚜렷한 릴랙세이션법과 자극통제법, 수면 제한 요법, 수면위생지도, 인지요법을 하나로 묶어서 인지행동요법으로 시행되고 있다.

인지행동요법이 필요한 유럽과 미국의 연구에서는 70~80%의 불면증 환자에게 효과적이라고 알려져 있다. 잠이 안 오거나 숙면감이 없거나 새벽에 깨어난 횟수, 총 수면 시간, 수면에 대한 만족도 등에 대한 효과는 인지행동요법을 종료한 후 1년이 지난 시점에서도 유지되고 있다고 한다.

수면제를 장기간에 걸쳐 먹고 있는 불면증 환자에 대해서도 인지행동요법은 효과적이다. 벤조다이아제핀계 수면제로 치료하고 있는 만성 불면증 환자를 대상으로 수면제를 2주마다 4분의 1알씩 줄이는 실험을 진행했다. 이때 단순히 수면제를 감량한 그룹의 수면제 중지 성공률이 48%였던 반면 인지행동요법을 병용한 그룹은 85%로 명백히 좋은 결과가 나왔다. 게다가 그 효과는 1년 후에도 여전히 계속되고 있었다.

이처럼 인지행동요법은 매우 좋은 치료법이지만, 일본에서는 좀처럼 보급되지 않고 있다. 경제적 부담 및 시간적 부담이 크고 불면증을 개선하기 위해서는 환자 자신의 노력이 필요하기 때문이다. 그래서 현재 진행되고 있는 치료자와 환자 간의 일대일 치료를 그룹 치료로 바꾸거나 셀프헬프(self-help) 도서나 전화, 메일 등을 사용한 방법, 3~6개월 걸리는 일을 단기간에 실시하는 프로그램의 개발 등이 시도되고 있다.

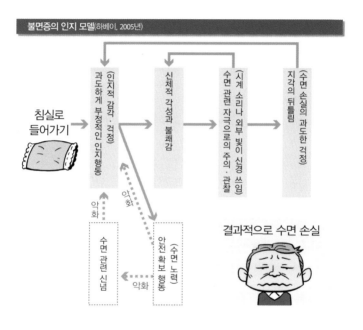

불면증의 인지 모델(하베이, 2005년)

결과적으로 수면 손실

집단 인지행동요법의 프로그램 예시(오자키 아키코, 2010년)

세션 1

🏠	강의	'수면 역학, 불면증이란?'
😊	자기소개	서로 자기소개
📄	숙제	수면일지의 기록

세션 2

🏠	강의	'수면을 저해하는 생각 · 행동 · 습관'
😊	집단토의	수면일지를 쓰면서 알게 된 점
👕	실기	점진적 근육 이완법
📄	숙제	· 수면일지 기록 · 점진적 근육 이완법의 실천

세션 3

🏠	강의	'스트레스와 수면'
👕	실기	인지요법
😊	집단토의	최근 2주간 수면에 대해서 돌아보기
📄	숙제	· 수면일지 기록 · 점진적 근육 이완법의 실천, 인지요법의 실천

세션 4

😊	집단토의	최근 2주간의 수면에 대해서 돌아보고 인지요법을 어떻게 실천했는가
📄	숙제	· 수면일지 기록 · 점진적 근육 이완법의 실천 · 인지요법의 실천

세션 5

🏠	강의	'불면의 재발 예방과 대응'
😊	집단토의	프로그램에 참여해서 변화한 점

고조도 광요법

아침에 일어난 후에 제대로 햇빛을 받으면 점점 잠이 깨기 시작한다. 반대로 커튼을 다 닫은 캄캄한 방에 있으면 아침이 된 줄 모르고 늦잠을 자 버릴 수도 있다. 빛은 지구상에 무상으로 내려와 생물의 체내 시계를 조정하는 중요한 작용을 한다.

눈에 들어온 빛은 망막을 통해 시상하부의 시교차 상핵으로 전달된다. 여기에는 메인 체내 시계가 있어 외부의 명암 리듬과 생체 리듬이 빛에 의해 동조된다. 체내 시계 바늘이 돌아갈지 되감게 될지는 빛을 받은 시각에 따라 결정된다. 심부 체온이 최저가 되는 시각보다 전에 빛을 받으면 체내 시계 바늘이 되감겨서 밤샘 모드가 된다. 심부 체온의 최저점 시각보다 나중에 강한 빛을 보면 바늘이 돌아가서 일찍 일어나게 된다.

고조도 광으로 인한 수면의 위상 변화

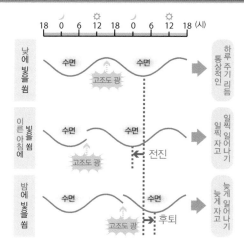

빛이 체내 시계를 조절하는 것을 이용해서 수면장애를 치료하는 것이 고조도 광요법이다.

수면장애 중에서도 지구의 하루 리듬과 체내 시계가 맞지 않아 생기는 수면 위상 지연 증후군(80페이지)이나 수면 위상 전진 증후군(84페이지)에 고조도 광요법이 효과가 좋다. 다른 질병으로는 계절성 우울증이나 시차 장애, 교대 근무로 인한 수면장애, 신경성 대식증, 노인 치매 등에도 고조도 광요법이 시도되고 있다.

고조도 광요법을 실시하는 의료기관에서는 치료하기 위한 전문 방이 갖춰져 있다. 그 방에는 자외선을 차단한 많은 형광등이 천장과 벽에 설치되어 있다. 치료를 위해서는 눈가의 조도로 2,500~1만 lx가 필요하기 때문에 이 방에 들어가면 상당히 밝게 느껴진다. 환자는 정해진 시각에 이 방으로 들어간다. 치료 중에는 눈을 장시간 감거나 졸지 않으면 무엇을 해도 괜찮지만 1분에 2~3회는 광원을 봐야 한다.

이보다 더 소형인 광요법 장치도 시판되고 있다. 라이트 박스형이라고 불리는 타입은 광원이 되는 형광등이 몇 개 들어간 상자 모양이다. 이것을 책상 위 등에 놓고 그 앞에서 독서 등을 하는 것뿐이다. 더 작은 종류로는 라이트 바이저형이 있다. 이것은 모자의 차양 부분에 광원이 붙어 있어서 머리에 쓰는 것만으로 치료할 수 있다.

고작 형광등 몇 개로 불면을 치료할 수 있다니 그렇다면 스스로 만들어 보자는 생각이 들 수 있는데 이때 주의가 필요하다. 가정용 형광등의 빛에는 자외선이 포함되어 있다. 자외선이 직접 눈에 들어오면 시력 장애를 일으킬 위험이 있다. 만약 광요법 장치를 직접 제작한다면 자외선을 차단해서 사용하면 된다. 맑은 날의 야외는 10만 lx 정도의 밝기가 된다. 실내에서도 창가에서는 1만 lx 정도 된다. 일광욕은 노력도 돈도 들지 않는 광요법이기 때문에 시도해 보는 것이 좋다.

수면 위상 지연 증후군 환자는 기상 후에 빛을 받는 것이 좋다. 다만 이 질환의 특성상 환자는 빛을 받고 싶은 시각에 좀처럼 일어나지 못한다. 그래서 집에서 고조도 광요법을 실시하는 경우에는 가족의 협력이 필수이다.

또 저녁 이후에는 강한 빛을 받지 않도록 하는 것도 중요하다.

수면 위상 전진 증후군에서는 수면 위상 지연 증후군의 반대로 밤에 빛을 받아 아침에는 선글라스 등으로 빛을 차단한다. 이 두 수면장애에 대한 고조도 광요법은 미국수면학회의 치료 가이드라인에서도 유효성을 인정받고 있다.

고조도 광요법을 도입한 진찰실의 예시

사진 제공: 야마모토 심신 클리닉

⏰ 15 지속양압호흡 요법

자고 있을 때 호흡이 멈춰 버리는 질환을 '수면 무호흡증'이라고 한다. 특히 코나 입에서 목까지 공기가 지나가는 길(기도)이 막혀서 생기는 것이 폐쇄성 수면 무호흡증이다. 이 질환이 일어나는 원인이나 증상 등은 62페이지에서 설명했다. 폐쇄성 수면 무호흡증을 치료하기 위해서 가상 중요한 방법은 지속양압호흡 요법(Continuous Positive Airway Pressure: CPAP)이다.

보통 깨어 있을 때는 기도가 충분히 열려 있어서 답답하지 않다. 등을 대고 자면 근육이 이완되어 혀가 목 쪽으로 약간 떨어지는데 건강한 사람이라면 기도의 단면적은 유지된다. 그런데 폐쇄성 수면 무호흡증 환자는 수면 중에 기도가 막혀 버려서 매일 밤 수십 번씩 질식을 반복하게 된다.

이전에는 중증 폐쇄성 수면 무호흡증을 치료하려면 기관 절개술밖에 방법이 없었다. 그런데 1981년 시드니대학교의 설리번이 코에 낀 마스크를 통해 압력을 가한 공기를 보내서 깊이 들어가면 기도의 폐쇄를 막고 푹 잘 수 있다고 발표했다. 공기의 힘으로 혀를 지탱하다니 대단한 발상이다. 그 이후 CPAP 요법은 폐쇄성 수면 무호흡증을 치료하기 위한 비장의 카드가 되었다. 1998년부터는 일본에서도 건강 보험을 사용할 수 있게 되었다.

'저런 마스크를 쓰면 잠을 잘 자지 못하겠구나'라고 생각할 수도 있지만 CPAP 요법의 효과는 극적이다. 코 마스크나 공기압을 잘 조절하면 대부분 사람이 착용한 날 밤부터 푹 잘 수 있다. "이게 진짜 수면이라고 느꼈어요", "태어나서 처음으로 숙면했어요"라고 소감을 밝히는 사람도 있다.

코골이나 무호흡이 없어질 뿐만 아니라 실질적인 수면 시간이 길어지고 수면의 질도 좋아지기 때문에 낮 동안 졸음이 적어지고 기억력과 집중력도 향상된다. 그 결과, 고혈압이 좋아지거나 교통사고 위험이 줄어들어서 환자의 삶의 질이 개선된다.

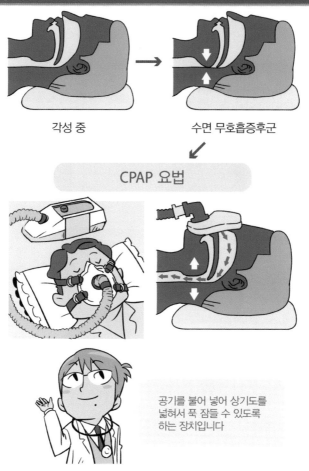

상기도 폐색과 CPAP 요법

각성 중 → 수면 무호흡증후군

CPAP 요법

공기를 불어 넣어 상기도를
넓혀서 푹 잠들 수 있도록
하는 장치입니다

중증 폐쇄성 수면 무호흡증 환자는 정상인과 비교해 심근경색 등 심혈관 장애로 사망할 확률이 높아진다. 2005년 스페인의 마린이 발표한 데이터에 따르면 치료를 받지 않은 중증 폐쇄성 수면 무호흡증 환자를 10년간 팔로우한 결과, 15%의 사람이 심혈관 장애로 사망했다고 한다. 반면 같은 중

중환자라도 CPAP 요법으로 치료하면 10년 후 사망률이 5분의 1로 감소해 정상인과 같은 정도가 되는 것으로 나타났으며 장기적인 생명 예후에 관한 유효성도 확인되었다.

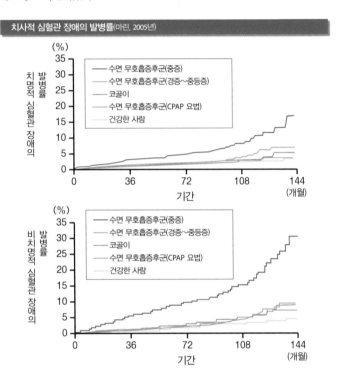

치사적 심혈관 장애의 발병률(마린, 2005년)

구강 내 장치(마우스피스)

복싱 같은 격투기나 럭비 같은 격렬한 스포츠에서 치아가 부러지는 것을 막거나 뇌의 진동을 완화하기 위해 사용되는 마우스피스. 사실 수면 무호흡증이나 코골이 치료 기구로도 도움이 된다. 마우스피스를 위아래 치열에 붙이고 아래턱 혹은 혀를 앞으로 내밀면 좁혀져 있던 상기도(목구멍 공기가 통하는 길)가 넓어져서 숨쉬기 쉬워진다. 치료용 마우스피스는 인터넷에서 살 수 있는 기성품부터 전문 치과에서 만드는 맞춤형 제품까지 그 종류가 다양하다.

치료용 마우스피스에는 아래턱을 앞으로 빼는 '하악 전방이동 타입'과 혀를 앞으로 당기는 '설 전방이동 타입'이 있다. '하악 전방이동 타입'은 1934년 로빈이 처음 치료에 사용한 이후 개량이 거듭되어 현재 사용되고 있는 70여 가지 치료용 마우스피스 중 대부분이 이 타입이다. '하악 전방이동 타입'에는 상악과 하악이 하나로 연결되어 있는 '일체형(monobloc형)'과

시판되고 있는 치료용 마우스피스의 예시

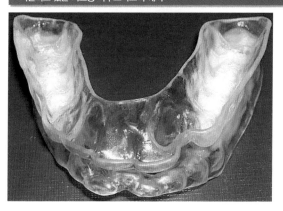

©Wikipedia

위아래가 스크류나 와이어 등으로 연결되어 있어서 입을 여닫을 수 있는 '분리형(2 piece형)'이 있다.

'설 전방이동 타입'은 1982년 카트라이트가 처음 이용한 것으로 위아래 앞니 사이의 공간에 혀를 넣어 그 부분을 음압으로 만들어 혀가 목구멍으로 빠지지 않도록 하는 것이다. 혀를 쭉 내민 상태를 수면 중에도 유지하기 때문에 이론적으로는 좋은 치료 효과를 얻을 수 있을 것 같지만 내민 혀를 유지하기가 어려워서 좀처럼 보급되지 않고 있다.

치료용 마우스피스는 경증에서 중등증 수면 무호흡증 환자를 치료할 때 효과가 좋다. 중증 환자에게는 지속양압호흡 요법(4-15)이 최우선 선택지이지만, 어떠한 이유로 그를 실시할 수 없을 때는 마우스피스를 사용한다. 경증에서 중등증 환자는 57~81%가 효과를 얻을 수 있고 중증환자도 14~61%가 효과를 볼 수 있다. 또 코를 고는 사람이 사용하면 코골이를 줄

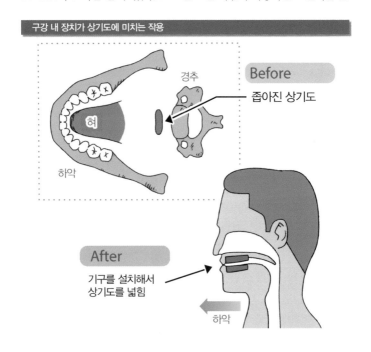

구강 내 장치가 상기도에 미치는 작용

경추

Before

좁아진 상기도

혀

하악

After

기구를 설치해서 상기도를 넓힘

하악

이는 효과가 있다.

부작용 중에 중대한 것은 거의 없지만 타액이 많아지거나 반대로 입안이 건조해지는 경우는 자주 있다. 그 밖에도 턱관절이나 근육의 위화감, 치아나 잇몸의 위화감이나 통증, 교합의 변화가 일어날 수도 있다.

구강 내 장치의 유효성과 부작용

증상의 정도	구강 내 기구의 유효성	
경~중증도	57~81%	높은 치료 효과 있음
중증	14~61%	CPAP 요법을 우선시

타액   늘어남 or 감소함

부작용

위화감 · 통증

교합

17 선잠

10분의 낮잠은 밤 수면 1시간에 해당한다는 속설이 있는데 그 진위는 불분명하다. 하지만 오전의 선잠은 전날 밤의 수면 부족을 보완하는 효과가 있고, 오후의 선잠은 그날 밤의 잠을 먼저 잔다는 말은 꽤 정확하다. 또 오후 2시를 중심으로 한 시간대에 졸음이 쏟아지는 것은 섬심을 먹어서가 아니라 체내 시계로 통제되고 있는 수면 · 각성 리듬에서 비롯되는 자연스러운 현상이다.

단시간 선잠의 효과에 대해서는 전 세계에서 연구가 진행되고 있고, 여러 가지 사실을 알게 되었다. 낮잠을 자면 졸음이 줄어들고 각성도가 올라가기 때문에 업무 중 졸음이 줄어든다. 피로가 개선되고 기분도 좋아진다. 작업에 대한 의욕과 기억력, 인지기능, 운동능력도 좋아진다.

잠을 자면 시간이 지남에 따라 수면이 깊어진다. 깨어났을 때 남아 있는 졸음을 '수면 관성'이라고 하는데 이는 깨어나기 직전의 수면 깊이나 길이에 영향을 받는다. 렘수면이나 얕은 논렘수면에서는 약간의 수면 관성만이 생기지만 깊은 수면(서파수면)이 되면 상당히 강한 수면 관성이 일어난다. 선잠 시간이 15분 이내라면 서파수면은 거의 나오지 않지만, 15분 이상 자고 있으면 서파수면이 나타난다. 눈을 감고 나서 잠들기까지 5분 걸린다고 했을 때 젊은 사람이라면 20분 이내의 낮잠을 추천한다.

나이가 들면 서파수면이 나올 때까지 시간이 걸리기 때문에 30분 정도 낮잠을 자는 것을 추천한다. 노인 중 습관적으로 30분 이내의 낮잠을 자는 사람이 치매에 걸릴 위험은 낮잠을 자지 않는 사람의 5분의 1로 감소한다. 반면 1시간 이상 낮잠을 자는 사람은 치매에 걸릴 위험이 2배로 상승한다. 이 데이터를 토대로 치매 예방 프로그램에 단시간 낮잠을 도입하려고 시도되고 있다.

'시에스타(라틴 문화권의 낮잠 풍습-옮긴이)'라는 말을 들으면 왠지 우아한 느낌이 들어서 동경하기 쉽지만, 시에스타가 건강에 미치는 영향은 다소 충격적이다. 사실 시에스타의 습관이 있는 사람은 심근경색에 걸리기 쉽고 사망률도 높다. 시에스타의 길이와 심근경색의 발생 용이성 사이의 관계

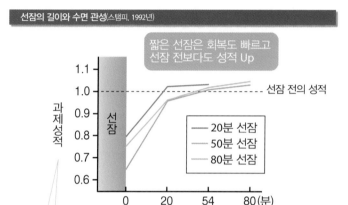

선잠의 길이와 수면 관성(스탬피, 1992년)

짧은 선잠은 회복도 빠르고 선잠 전보다도 성적 Up

선잠 전의 성적

과제성적: 선잠 후 수십 분마다 뺄셈 암산을 한 결과
(1.0 미만은 선잠 전과 비교해 성적이 떨어졌다는 사실을 의미)

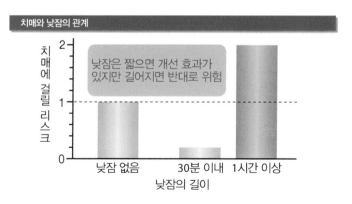

치매와 낮잠의 관계

낮잠은 짧으면 개선 효과가 있지만 길어지면 반대로 위험

가 2000년에 발표되었다. 심근경색 환자 505명과 건강한 사람 552명을 조사한 결과, 시에스타가 20분 이하인 사람은 심근경색에 걸릴 위험률이 23% 감소하지만 45분인 사람은 1.3배, 1시간 반인 사람은 1.7배로 위험이 상승하게 된다는 사실이 드러났다.

또 여성 중에서는 시에스타 습관이 없는 사람에 비해 1시간 이하의 시에스타를 하는 사람은 사망률이 4.7배, 1~2시간인 사람은 5.6배나 되었다. 남성 중에서는 시에스타를 1시간 이하로 하는 사람은 전혀 하지 않는 사람과 비슷한 정도의 사망률이었지만, 시에스타가 1~2시간인 사람은 2.6배, 2시간 이상이 되면 13.6배나 사망률이 높아졌다.

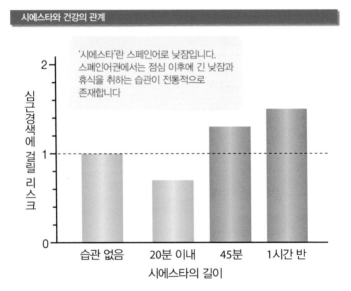

시에스타와 건강의 관계

'시에스타'란 스페인어로 낮잠입니다.
스페인어권에서는 점심 이후에 긴 낮잠과
휴식을 취하는 습관이 전통적으로
존재합니다

심근경색에 걸릴 리스크

습관 없음　20분 이내　45분　1시간 반
시에스타의 길이

18 자기 각성법

필요한 시간만큼 충분히 잤기 때문에 수면 부족이 해소되어 저절로 깨어나는 것을 자연 각성이라고 한다. 이에 반해 '내일 아침 6시에 일어나자'와 같이 잠잘 때 미리 기상하고 싶은 시각을 정해 놓고 자명종 등 외부 자극을 사용하지 않고 그 시각에 스스로 깨어나는 것을 자기 각성(self-awakening)이라고 한다.

사실 자기 각성은 많은 사람이 실천할 수 있다. 일상적으로 매일 아침 자기 각성을 하는 사람은 21~81세의 약 절반에 이르는 것으로 알려져 있다. 대학생 중 자기 각성을 할 수 있는 사람은 10%밖에 없지만 65세 이상의 고령자 중에는 4분의 3이 자기 각성을 할 수 있다고 대답했다.

그렇다면 자기 각성의 성공률은 어느 정도일까? 이스라엘의 라비에가 자기 각성을 할 수 있다고 답한 남녀 7명을 대상으로 실험을 진행했다. 결과적으로 7명이 14번의 실험 밤 중 12번 성공해서 성공률은 86%였다. 모든 각성이 눈을 뜨거나 꾸벅꾸벅 졸 때가 아니라 수면 중에 갑자기 깨어난 자기 각성이었던 것으로 확인되었다. 각성한 시각의 정확도는 예정 시각의 전후 10분 이내가 5회로 36%, 11~20분이 3회로 21%, 21~30분이 1회로 7%, 31~40분이 3회로 21%였다.

또 얕은 수면에서는 자기 각성이 쉽지만 깊은 수면에서는 자기 각성이 어렵다는 사실도 알아냈다. 즉 자기 각성 시에는 각성 예정 시각을 향해서 수면 리듬을 조정하고 있다는 말이다.

뇌하수체는 다양한 호르몬을 분비하는데 그중 하나가 수면과 각성에도 관련이 있는 부신피질 자극 호르몬이다.

이 호르몬 분비에는 일내 변동이 있어 밤잠의 전반부에는 분비가 적고 아침이 가까워지면 점차 혈중농도가 높아져서 각성 직후 정점에 이르면 그

후에 급격하게 감소한다. 이러한 분비의 리듬에 따라 깨어날 때나 기상 후 다양한 스트레스에 대한 심신의 적응성을 높일 준비가 되어서 일어난 후의 각성도가 높아진다.

이 부신피질 자극 호르몬의 분비 리듬이 자기 각성했을 때와 강제로 일어났을 때는 어떻게 다른지를 알아보는 실험이 1999년에 이루어졌다. 실험에서는 6시 각성 조건(오전 6시에 깨어나야 한다는 신호를 준다고 잠들기 전에 전달해 두었다가 예고대로 6시에 깨움), 9시 각성 조건(다음 날 아침에는 오전 9시에 깨어나야 한다는 신호를 주기로 하고 예고대로 9시에 깨움), 깜짝 각성 조건(오전 9시에 신호를 준다고 해놓고 실제로는 6시에 깨움)의 세 가지 조건으로 진행되었다.

자연 각성 모델인 9시 각성 조건에서는 부신피질 자극 호르몬의 혈중농도는 오전 1시경부터 완만하게 증가하기 시작해 각성보다 먼저 분비량이 증가하는 것을 알 수 있다. 한편 깜짝 각성 조건에서 부신피질 자극 호르몬의 혈중농도는 9시 각성 조건과 마찬가지로 천천히 증가하지만, 각성 직후

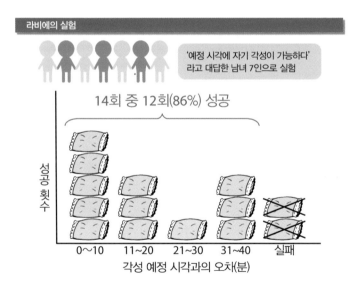

급상승해서 각성 후 30분 이내에 정점에 도달했다.

이에 반해 6시 각성 조건에서는 부신피질 자극 호르몬의 혈액 중 농도가 오전 4시 반경부터 조금씩 상승해 각성 예정 시각 직전에는 거의 정점까지 도달했다. 그리고 깨어났을 때 가장 높아졌고 각성 전후로 큰 차이가 없었다. 이 결과를 통해 자기 각성 시에는 각성 예정 시각 약 1시간 전부터 부신 피질 자극 호르몬 분비가 증가하고 각성 시에는 이미 심신이 바로 활동할 수 있는 모드로 준비가 된다는 사실을 알 수 있다.

자기 각성이 가능한 이유에 대해서는 아직 명쾌한 답이 나오지 않았지 만 지금까지 알려진 사실을 토대로 다음과 같은 가설을 생각할 수 있다. 수면 폴리그래프 검사를 하면 수면장애가 없는 건강한 사람이라도 하룻밤 사이에 여러 차례 깨어난다는 사실이 확인된다. 본인에게 그 자각이 없는 것은 깨어 있는 시간이 짧아서 기억이 남지 않기 때문이다. 이 중도 각성 시에는 깨어나야 할지 계속 잠을 자야 할지 판단하고 있다는 견해가 있다. 이 설에 따르면 자기 각성 직전에도 체내 시계의 시각을 확인하고 기상 예정 시

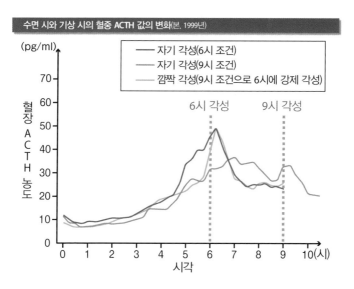

수면 시와 기상 시의 혈중 ACTH 값의 변화(본, 1999년)

각에 가까우면 각성 준비를 시작할지도 모른다.

그러나 자기 각성하고 싶은 마음이 너무 강하면 잠이 잘 오지 않거나 중도 각성이 증가하게 된다. 앞서 다룬 라비에의 실험에서는 잠이 들기까지의 시간이 기준일 밤에는 평균 14분이었지만 실험일 밤에는 25분이나 걸렸다. 두 조건 사이에는 통계학적으로 뚜렷한 차이는 없었지만, 자기 각성이 스트레스가 되고 있었다는 점은 확실하다.

이러한 것들을 고려하면 자기 각성을 성공시키기 위해서는 잠들기 전에 구체적인 숫자로 몇 시간 후, 몇 분 후에 일어나고 싶은지 혹은 몇 시 몇 분에 깨어나고 싶은지를 강하게 의식하는 것이 중요하다. 각성 예성 시각은 밤 수면에서는 오전 4시 이후를, 낮잠에서는 30분 이내로 설정하면 성공 확률이 높아진다. 단 너무 자기 각성에 집착하면 성공률이 낮아지므로 처음에는 각성 예정 시각인 30분 전후라면 성공으로 치고 성공률 50%를 목표로 해보자. 잘 깨어났을 때 무언가 보상이나 포상을 받을 수 있도록 하면 성공률이 높아질지도 모른다.

제5장

약을 사용하는 불면 치료법

제5장에서는 약을 사용해서 효과적으로 불면을 개선하는 방법을 소개한다. 약이라고 해도 수면제부터 수면 개선제, 한방약, 멜라토닌 수용체 작동제까지 그 종류가 매우 다양하다. 만약 불면으로 고민 중이라면 잘 맞는 의사와 상담해서 자신에게 맞는 약을 찾는 것이 좋다.

의사의 처방전이 필요한 수면제는 바르비투르산 계통과 비바르비투르산 계통, 벤조다이아제핀 계통, 비벤조다이아제핀 계통 등 4가지 종류로 분류되어 있다. 역사적으로 보면 1960년대까지는 바르비투르산 계통 및 비바르비투르산 계통이 수면제가 사용되었지만, 그 후에는 새로 개발된 벤조다이아제핀 계통의 수면제가 주역이 되면서 1990년 이후부터 비벤조다이아제핀 계통 수면제도 사용되기 시작했다.

훗날 노벨 화학상을 받은 아돌프 폰 바이어는 1864년 말론산과 요소를 반응시켜 바르비투르산 합성에 성공했다. 바르비투르산 자체에 최면 효과는 없지만, 이 발견으로 수면제 연구가 크게 진전되었다.

1902년에는 베를린대학교의 에밀 피셔(같은 해에 노벨 화학상을 수상) 교수와 스트라스부르대학교의 조셉 폰 메링 교수가, 같은 말론산과 요소에서 바르비탈(혹은 바르비톤)이라고 불리는 화합물을 합성했다. 바르비탈은 진정 효과를 인정받아서 1904년 바이엘사에서 'Veronal'로, 셰링사에서 '메디날'로 출시되어 전 세계로 퍼졌다.

그 후 수천 개의 바르비투르산 계열의 화합물이 합성되어 수면제로써 적합한 약제를 찾는 과정이 이어졌다. 그중 1911년 하인리히 회틀라인이 합성한 페노바르비탈은 두 번째 바르비투르산 계통 수면제로 이듬해 바이엘사에서 '루미날'로 출시되었다. 페노바르비탈에는 강한 최면 효과 외에 항경련 작용도 있어 '바르비투르산의 왕'이라고까지 불렸다.

안타깝게도 바르비투르산 계열 수면제는 안전성이 낮고 내성이나 의존성을 일으키기 쉽다는 문제가 있다. 처방받은 2주 치 약을 한꺼번에 먹으면 혼수상태에 빠지거나 사망할 위험이 있다. 또 빠르면 2~3일, 늦어도 1개월 정도면 내성이 생기게 된다. 그래서 현재는 특별한 경우를 제외하고 거의 사용하지 않게 되었다.

지금 가장 많이 복용하는 수면제인 벤조다이아제핀 계통 수면제는 제2차 세계대전 중 나치의 박해를 피해 미국으로 건너간 폴란드계 유대인 레오 헨리크 스턴백이 발견한 퀴나졸린 화합물로부터 발전한 것이다.

퀴나졸린과 비슷한 물질 중 다이아제팜이 1963년 '바리움'으로 로슈사에서 출시되었다. 바리움은 경이적인 인기를 얻어서 1969~1982년 미국에서

바르비투르산의 이름의 유래

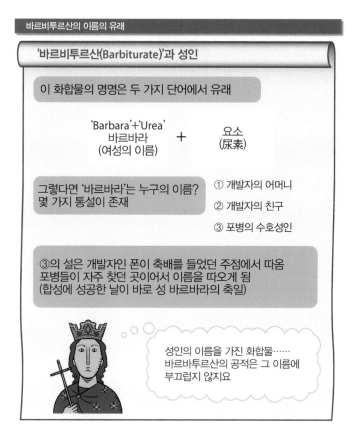

'바르비투르산(Barbiturate)'과 성인

이 화합물의 명명은 두 가지 단어에서 유래

'Barbara'+'Urea'
바르바라
(여성의 이름)

+

요소
(尿素)

그렇다면 '바르바라'는 누구의 이름?
몇 가지 통설이 존재

① 개발자의 어머니

② 개발자의 친구

③ 포병의 수호성인

③의 설은 개발자인 폰이 축배를 들었던 주점에서 따옴
포병들이 자주 찾던 곳이어서 이름을 따오게 됨
(합성에 성공한 날이 바로 성 바르바라의 축일)

성인의 이름을 가진 화합물……
바르바투르산의 공적은 그 이름에
부끄럽지 않지요

가장 많이 처방된 의약품이 되었고, 정점이었던 1978년에는 23억 정 이상이 팔렸다. 다이아제팜이 수면제로 사용되기 시작했을 무렵에는 치사량이 치료에 사용되는 양의 50~200배로 안전성이 높고 부작용도 매우 적은 약으로 여겨졌다. 그러나 장기간에 걸쳐 계속 복용하면 30% 정도의 환자에게 약물 의존 상태가 야기되는 등 부작용이 적지 않은 것으로 나타나 1980년

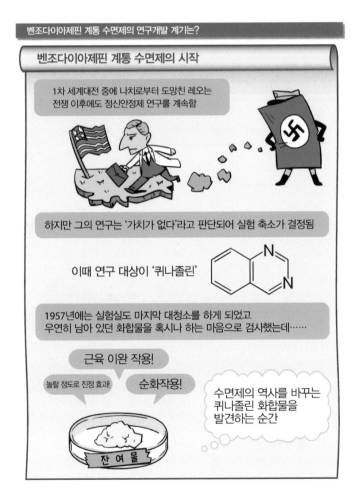

벤조다이아제핀 계통 수면제의 연구개발 계기는?

벤조다이아제핀 계통 수면제의 시작

1차 세계대전 중에 나치로부터 도망친 레오는 전쟁 이후에도 정신안정제 연구를 계속함

하지만 그의 연구는 '가치가 없다'라고 판단되어 실험 축소가 결정됨

이때 연구 대상이 '퀴나졸린'

1957년에는 실험실도 마지막 대청소를 하게 되었고 우연히 남아 있던 화합물을 혹시나 하는 마음으로 검사했는데······

근육 이완 작용!

놀랄 정도로 진정 효과   순화작용!

수면제의 역사를 바꾸는 퀴나졸린 화합물을 발견하는 순간

잔여물

이후로는 미국에서도 사용량이 급감했다. 일본에서는 '셀신'이나 '호리존' 등의 상품명으로 판매되고 있지만 수면제가 아닌 신경증이나 우울증, 심신증, 뇌척수질환으로 인한 경련 치료에 사용되고 있다.

벤조다이아제핀 계통 수면제의 최면 효과와 항불안 작용은 강력하지만 근육 이완 작용으로 인해 휘청거림이나 다음 날 아침까지 효과가 계속되는 이월 효과 등이 문제가 될 수 있다. 이러한 부작용을 줄이기 위해서 20세기 말부터 새로운 계통의 수면제 연구가 진행되었다. 예를 들어 프랑스의 론풀랑크사가 만든 조피크론은 1987년부터 프랑스에서 판매되면서 근육 이완 작용이나 의존성이 적어서 널리 쓰이게 되었다. 일본에서는 '아모반'이라는 이름으로 1989년부터 판매되어 잠이 잘 오지 않는 유형의 불면증 환자를 중심으로 처방되고 있다. 프랑스의 사노피 신데라보사가 개발한 졸피뎀 주석산염은 1992년 프랑스에서 판매가 시작되어 2000년에는 일본에서도 '마

카렌 퀸란 사건의 전말

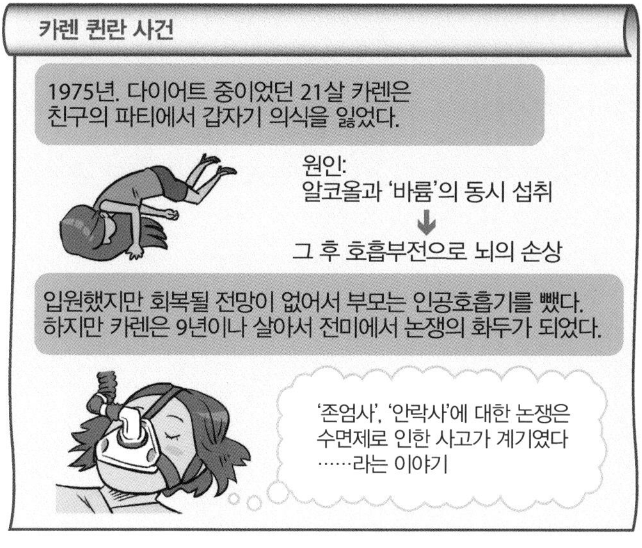
카렌 퀸란 사건
1975년. 다이어트 중이었던 21살 카렌은
친구의 파티에서 갑자기 의식을 잃었다.
원인:
알코올과 '바륨'의 동시 섭취
그 후 호흡부전으로 뇌의 손상
입원했지만 회복될 전망이 없어서 부모는 인공호흡기를 뺐다.
하지만 카렌은 9년이나 살아서 전미에서 논쟁의 화두가 되었다.
'존엄사', '안락사'에 대한 논쟁은
수면제로 인한 사고가 계기였다
……라는 이야기

이스리'라는 이름으로 나왔다. 이 약도 벤조다이아제핀계 수면제에 비교해 근육 이완 작용이나 기억 장애, 다음 날 아침에 이월 효과가 작아서 사용하기가 쉽다.

뇌의 신경세포 중 하나가 흥분하면 그 정보가 차례차례 다른 신경세포로 전달되어 뇌의 작용이 활발해진다. 하지만 흥분하는 한편으로는 뇌가 폭주하거나 과열되어 뜻대로 할 수 없을 뿐만 아니라 생명의 위기가 발생할 수도 있다. 그래서 뇌에는 신경세포의 흥분을 억제하는 기능이 갖추어져 있다. 이런 작용을 하는 억제성 신경전달물질 중 하나가 감마-아미노 낙산(GABA)이 있다. 이 GABA가 신경세포에 붙으면 신경이 흥분이 억제되어 기분이 차분해지고 졸리기도 한다. GABA가 세포에 결합하는 곳을 'GABA 수용체'라고 하는데 이 부분에 바르비투르산 계통의 수면제나 벤조다이아제핀 계통의 수면제가 결합해 GABA의 작용을 높여서 신경을 억제하는 작용이 강해진다. 벤조다이아제핀 계통의 약제가 결합하는 GABA 수용체에는 여러 종류가 있으며 각각 수면·진정과 항불안, 근육 이완, 항경련이라는 네 가지 작용을 발휘한다.

벤조다이아제핀 계통과 비벤조다이아제핀 계통의 수면제는 바르비투르산 계통 수면제와 비교해 최면 작용이 다소 약한 편이지만 수면의 질에 대한 영향은 좋다는 장점이 있다. 눈을 감고 나서 실제로 잠들기까지의 시간이 짧아지는 것은 같지만, 한밤중에 깨어나는 횟수는 바르비투르산 계열의 수면제보다 더 적어지고 얕은 논렘수면의 시간도 더 길어진다. 렘수면에는 영향을 주지 않거나 약간 감소시키는 정도로 깊은 수면은 벤조다이아제핀 계통에서 영향을 주지 않거나 감소하지만 비벤조다이아제핀 계통에서는 증가한다.

벤조다이아제핀 계통 수면제의 효과

실험 | 수면 단계 2가 되면 바로 깨우기

건강한 사람

불면증 환자

↔ 대조적인 자기평가

"자고 있었습니다"

"깨어 있었습니다"

벤조다이아제핀 계통 수면제를 투여
한 후에는 건강한 사람과 같은 답을
하는 사람이 증가

수면의 질이
개선

2003년 4월부터 잠이 잘 오지 않거나 잠이 얕은 등 일시적인 불면증세를 완화하기 위한 약 '드리엘'이 에스에스제약에서 출시되어 전국의 약국 등에서 살 수 있게 되었다. 의사의 처방전이 필요한 수면제와는 다른 약이기 때문에 수면 개선제라고 불린다. 새로운 분야의 약으로 주목받고 있는데 사실 이 약은 오래전부터 있던 약이 탈바꿈해 재등장한 것이다.

감기나 꽃가루 알레르기약을 먹으면 졸리는 사람이 있다. 그것은 재채기와 콧물을 억제하기 위한 성분인 '항히스타민제'의 부작용이다. 이 부작용을 잘 이용해서 가벼운 불면증의 개선에 도움을 주자는 것이 바로 수면 개선제이다. 그야말로 '전화위복'을 노리는 원리이다. 드리엘의 주성분인 디펜히드라민은 알레르기를 억제하기 위한 약으로도 사용됐는데 1980년대에 미국에서, 1990년대에는 유럽에서도 불면증 치료제로 판매되기 시작했다.

히스타민은 1910년에 혈압을 낮추는 작용이 있는 물질로 발견되었다. 또 꽃가루나 집먼지진드기 등 알레르기의 근원이 되는 물질에 반응해 생체 방어 기능으로 알레르기 반응을 일으킨다. 이 반응이 과도해지면 꽃가루 알레르기나 천식이 되는 것이다. 히스타민과 알레르기의 관계는 유명하기 때문에 많은 사람이 '항히스타민제=알레르기를 멈추는 약'이라고 알고 있을 것이다.

수면 개선제와 수면제의 차이

	약제	의사의 처방전	불면증 유형	불면 기간
수면제	벤조다이아제핀 계통 등	필요	입면 장애 중도 각성 조조 각성 숙면 장애	급성~만성
수면 개선제	항히스타민제	불필요	입면 장애	일시적

'드리엘'

(에스에스제약)
2003년 출시
초년도 매출

대폭 상승

27억엔

6억엔

목표   실제 매출

| 큰 성공을 거둔 이유 | 출시된 해에 산요신칸센에서 오버런 사고가 발생 언론을 통해 수면 무호흡증후군이 널리 알려짐 |

시판조사 기간(3년)에는 타사에서 같은 성분으로
판매할 수 없음

| 2007년 봄 | 판매가 해금되면서 드리엘에 이어 타사의 수면 개선제 출시가 증가 |

네오데이

나이토루

(다이쇼제약)

(글락소 · 스미스클라인)

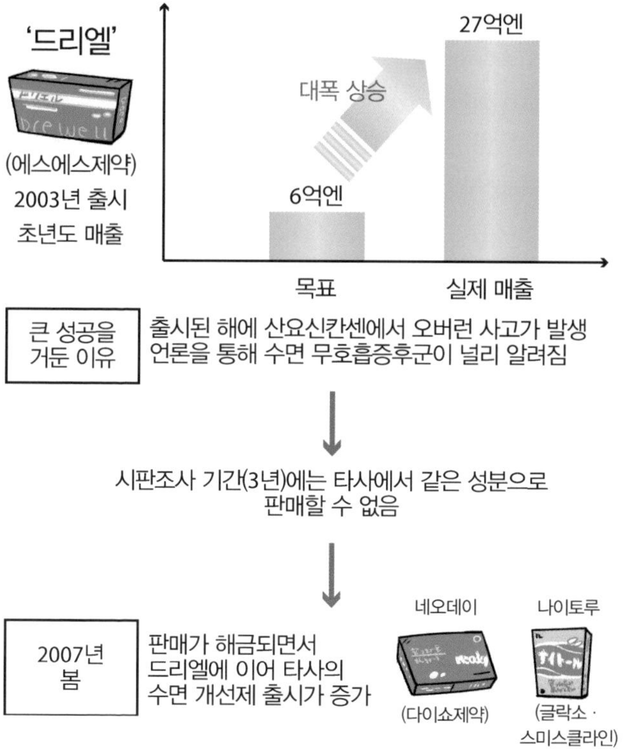

한편 히스타민은 뇌 속에서도 중요한 작용을 한다. 히스타민을 사용해서 정보를 전달하는 신경을 '히스타민 신경'이라고 하는데 이 신경은 뇌 안쪽에 있는 '시상'이라는 부분에 많이 모여 있다. 이 히스타민 신경은 깨어 있을 때 활발히 활동해 뇌 전체를 질타 격려해서 깨어나게 하는 역할을 담당한다.

수면 개선제로 사용되는 항히스타민제는 깨어나게 하는 작용이 있는 히스타민을 차단해서 졸음을 유발한다. 한편 GABA의 기능을 지원하는 벤조다이아제핀 계열 등 수면제는 적극적으로 졸리게 하는 약이다. 이처럼 약국에서 살 수 있는 수면 개선제와 의사의 처방전이 필요한 수면제는 수면과 관련된 기능이 전혀 다르다.

　참고로 항히스타민제는 개량이 되어서 지금 의료기관에서 받는 약은 2세대라고 불리는 새로운 약이 대부분일 것이다. 이는 수면 개선제에 사용되는 1세대 항히스타민제에 비교해 졸음의 부작용이 상당히 적어서 알레르기 환자들에게도 도움이 되고 있다.

　드리엘을 출시하기 전에 에스에스제약이 진행한 임상 시험에서는 일시적 불면증에 대한 개선 효과가 나타났다. 잠이 잘 오지 않거나 잠이 얕은 경도~중등도 불면증세를 호소해서 내과나 신경내과 진료를 받은 15세 이상 환자 173명을 대상으로 드리엘의 주성분인 다이펜하이드라민 염산염 50mg을 취침 30분 전에 복용했다. 의사의 평가에 따르면 82.1%의 개선 효과를 인정받았으며, 시험에 참여한 환자의 본인 평가에서도 79.2%가 효과를 실감할 수 있었다. 부작용은 낮의 졸음 등 가벼운 것이 4.6% 있었지만 모두 일시적인 증상으로 머지않아 사라졌다.

　수면 폴리그래프를 이용한 다른 실험에서는 잠이 잘 오고 밤중에 깨어나는 횟수나 깊은 수면은 변하지 않거나 감소해 렘수면이 줄어든다는 연구가 있었다. 이 결과들을 합쳐보면 단기간의 가벼운 불면을 느끼고 있을 때는 먼저 약국에서 수면 개선제를 사서 먹어 보는 편이 좋다. 며칠 먹어도 불면이 좋아지지 않는다면 계속해서 수면 개선제에 의존하지 말고 빨리 주치의와 상의해서 불면 치료를 받는 것을 추천한다.

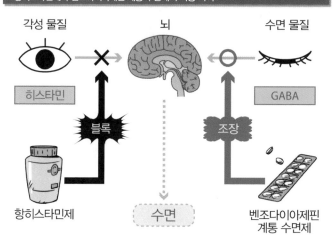

항히스타민제와 벤조다이아제핀 계통 수면제의 작용 차이

각성 물질　　　　　　뇌　　　　　　수면 물질

히스타민　　　　　　　　　　　　　　GABA

블록　　　　　　　조장

항히스타민제　　　　수면　　　벤조다이아제핀
　　　　　　　　　　　　　　　　계통 수면제

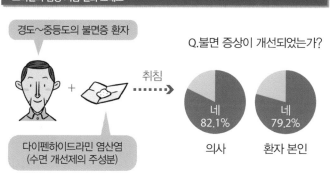

드리엘의 임상 시험 결과 그래프

경도~중등도의 불면증 환자

Q.불면 증상이 개선되었는가?

취침

다이펜하이드라민 염산염
(수면 개선제의 주성분)

네
82.1%
의사

네
79.2%
환자 본인

　서양의학은 자연과학 일부이기 때문에 질환을 객관성·보편성·논리성의 3가지 관점에서 파고들어서 진단하고 치료한다. 이 질환의 원인은 무엇이고 그 원인에 대해서 신체는 어떻게 반응하며 어떤 약이 어떤 작용을 해서 병을 고쳐나가는지를 연구하고, 같은 이름의 실환이라면 누가 어디서 어떤 환자에게 처방하더라도 효과가 있는 치료법을 찾는다.

　반면 한방의학(漢方醫學)에서는 신체의 바깥에서 질환의 원인을 찾는 것이 아니라 인간을 우주 속의 소우주로 규정하고 몸속 상태가 불균형해지기 때문에 병에 걸린다고 생각한다. 증상을 직접 고치는 것이 아니라 몸 전체의 상태를 좋게 함으로써 증상을 없애는 원리이다. 또 개인차를 중시하기 때문에 병명이 같다고 누구나 같은 약을 사용하지 않는다. 나아가 같은 사람이라도 심신의 상태나 치료 효과에 따라 약의 종류와 양을 조절한다.

　맞춤형 의료가 기본인 한방의학에서는 환자의 심신 상태나 체질, 경향 등을 '증(証)'으로 나타낸다. 증을 결정하기 위해서는 '음양(陰陽)' '허실(虛実)' '혈기수(血気水)' 등을 잣대로 사용한다.

　서양의 사고방식은 흑백을 분명히 나누려고 하지만 한방의학에서는 두 가지 상반된 사물의 균형을 중요시한다. 예를 들어 서양에서는 '선은 ○이고 악은 X'라고 분명히 구분하지만 동양에서는 사람의 마음에는 선과 악이 존재하는 것이 자연스러운 상태로 선도 지나치면 악이 되고 악도 경우에 따라서는 선이 된다고 생각한다. 심신에 관해서는 활동적이고 열성(熱性)인 것을 '양(陽)', 비활동적이며 한성(寒性)인 것을 '음(陰)'이라고 부른다. 음양은 체질을 포함한 종합적인 생체반응의 성질을 나타내며 양자의 균형을 중시한다.

한방의학의 역사

해외의 의학지식	일본 의학의 역사
중국 장중경 『상한잡병론』(의학서) → 전래	**6세기** 불교와 함께 의학 지식이 전래
	7세기 견수사(遣隋使) · 견당사(遣唐使)가 한방약을 수입
	894년 견당사를 폐지, 국내에서의 발전
	984년 단바노 야스요리 『의심방』(일본에서 가장 오래된 의학서)
서양 → 전래	**에도시대** 서양의학→'난방(蘭方)' } 이라고 호칭 일본의학→'한방(漢方)' }
	1883년 의사 면허제도 개시 **한방의 쇠퇴**
	1965년 서양 약의 부작용과 만성질환이 증가 **한방에 대한 재고**

한방약의 시대 → 서양 약의 시대 → 양측의 수요가 확대 중

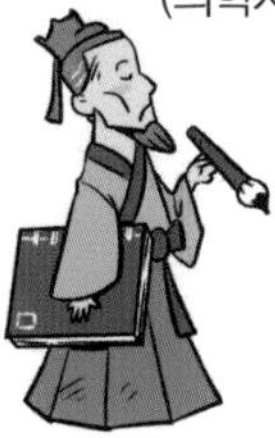
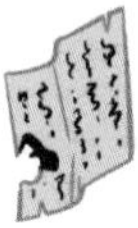
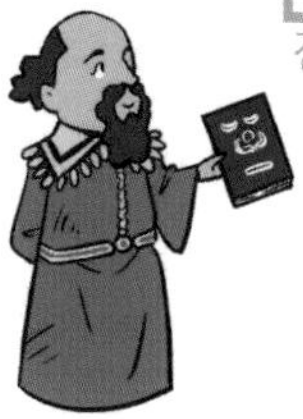
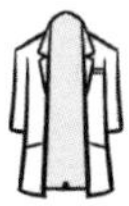
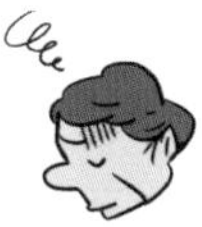

질환에 대한 투병 반응이 약한 것을 '허(虛)', 강한 것을 '실(実)'이라고 한다. 일반적으로 체력이 좋고 위장이 튼튼한 사람은 실증(実証)이고, 허약한 체질로 위장을 바로 망가뜨리는 사람은 허증(虛証)이다. 체형적으로는 근육질에 어깨가 떡 벌어진 남성은 실증인 사람이 많고, 다케히사 유메지의 그림 속 갸름하고 허리가 가느다란 부인은 전형적인 허증이다.

인간의 체내에는 '기(氣)' '혈(血)' '수(水)'가 가득 차 있다고 생각한다. 음식이나 공기로 외부로부터 가져온 생명 에너지를 '기'라고 한다. 기는 눈에 보이지 않지만 심신의 활동을 지탱하는 기본적인 요소이다. '혈'은 붉은 체액, '수'는 무색의 체액으로 함께 수분과 영양을 전신으로 운반하고 있다. 기·혈·수에 양적인 과부족이 생기거나 흐름이 막히면 병에 걸린다고 여긴다.

한방의학에서는 불면의 원인을 '심열(心熱)' '담허(膽虛)' '허로(虛勞)'라는 3가지로 나눈다. 여기서 말하는 '심(心)'은 '혈'을 순환시키는 곳으로 정신 상태를 조절하는 작용을 한다. 이곳이 뜨거워졌다는 것은 스트레스로 인한 긴장이나 분노 등의 격렬한 감정 때문에 흥분이 계속되는 상태를 의미한다. 심열로 인한 불면은 잠이 잘 오지 않는 것이 특징이며 진정 작용이 있는 황련해독탕(黄連解毒湯)이나 억간산(抑肝散)이 대표적인 처방이다.

'담허'는 결단력을 나타내는 담력이 약해진 상태이다. 그 때문에 기분이 안정되지 않고 불안감이 높아져서 정신생리성 불면증이 된다. 잠을 푹 잘수 없게 되고 한밤중에 눈이 떠지거나 숙면감이 없어지기도 한다. 이런 사람에게는 담을 따뜻하게 하는 효과가 있는 시호탕(柴胡湯)이나 죽여온담탕(竹茹温胆湯), 귀비탕(歸脾湯) 등을 처방한다.

'허로'는 심신이 너무 피곤해서 잠을 잘 수 없는 상태로 깨어 있을 때도 가만히 누워있게 되는 경향이 있다. 고령자의 불면에 흔한 패턴으로 잠이 잘 오지 않아 한밤중에도 쉽게 깨고 숙면감이 없다. 처방으로는 산조인탕(酸棗仁湯) 등을 사용할 수 있다.

한방약의 복용 방법

종류

이쪽이 주류

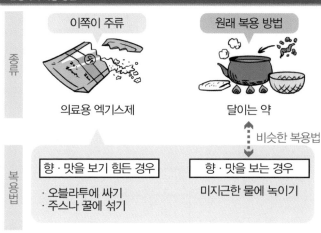

의료용 엑기스제

원래 복용 방법

달이는 약

┊ 비슷한 복용법

복용법

향·맛을 보기 힘든 경우
· 오블라투에 싸기
· 주스나 꿀에 섞기

향·맛을 보는 경우
미지근한 물에 녹이기

횟수

1일 2~3회 or 밤에만

불면의 근저에 있는
스트레스나 불안을
포함해서 개선

불면만을 개선

타이밍

식전·식간

공복 시에 복용

서양 약은 식후에
복용하는 경우가 많음

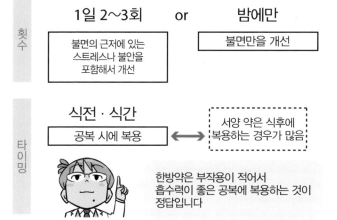

한방약은 부작용이 적어서
흡수력이 좋은 공복에 복용하는 것이
정답입니다

· 황련해독탕 (黃連解毒湯)	비교적 체력이 있고 머리에 피가 오르기 쉬우며 짜증을 잘 내는 사람에게 적합하다. 객혈이나 토혈, 하혈, 뇌내출혈, 고혈압, 두근거림, 노이로제, 피부항진증, 위염에도 효과가 있다.
· 삼황사심탕 (三黃瀉心湯)	비교적 체력이 있고 머리에 피가 오르기 쉬우며 안면홍조가 있고 정신적으로 불안정하며 변비 경향이 있는 사람에게 적합하다. 어깨 뭉침이나 이명, 두중(頭重), 불안 등 고혈압에 동반하는 증상이나 비혈, 치출혈, 갱년기 장애, 혈도증(血道)에도 효과가 있다.
· 억간산 (抑肝散), 억간산가진피반하 (抑肝散加陳皮半夏)	허약한 체질로 신경이 예민해져서 잠들지 못하는 사람에게 적합하다. 신경이 과민해서 화를 잘 내며 한편으로는 불안이나 초조함에 휩싸이는 패턴을 가진 사람에게도 좋다. 그 외에 신경증이나 아이의 밤 울음, 감병(疳症)에도 사용된다.
· 산조인탕 (酸棗仁湯)	심신이 쇠약해져서 잠들지 못하는 사람에게 적합하다. 체력이 없어서 심신이 지쳐있기 때문에 정신 불안이나 신경과민, 어지럼증, 설사를 동반하는 때가 있다. 과다수면이나 다몽(多夢), 식은땀에도 사용된다.

· 시호가용골모려탕 (柴胡加龍骨牡蠣湯)	비교적 체력이 있고 두근거림이나 짜증 등의 정신적인 증상이 있는 사람에게 처방한다. 고혈압이나 동맥 경화, 만성신장증, 신경쇠약증, 신경성 두근거림, 간질, 히스테리, 소아 밤 울음증, 성교 불능증(陰萎)을 함께 지닌 사람에게도 좋다.
· 반하후박탕 (半夏厚朴湯)	체력이 중간 이하로 기분이 안 좋고 목에 이물감이 있으며 때때로 가슴 두근거림이나 토할 것 같은 기분, 어지럼증을 겪는 사람에게 사용된다. 불안신경증이나 신경성 위염, 신경성 식도협착증, 입덧, 기침, 갈라진 목소리에도 효과가 좋다.
· 죽여온담탕 (竹茹溫胆湯)	비교적 체력이 떨어진 사람 중에 독감이나 감기, 폐렴 등으로 인한 회복기에 열이 길어지거나 열이 내렸는데도 컨디션이 돌아오지 않고 기침이나 가래가 많아 편하게 잘 수 없을 때 적합하다.
· 시호계지건강탕 (柴胡桂枝乾薑湯)	체력이 약하고 손발이 차며 빈혈이 있어서 가슴 두근거림이나 숨이 차서 신경이 과민해진 사람에게 사용된다. 명치가 막힌 것 같고 오한, 미열, 식은땀, 갈증을 호소하는 사람에게 효과가 있다. 갱년기 장애나 혈도증, 신경증도 가볍게 해준다.
· 온경탕 (溫經湯)	체력이 별로 없고 손발이 차서 입술이 마르는 사람에게 처방한다. 혈류를 조절해서 월경 불순이나 월경 곤란, 갱년기 장애, 신경증, 습진, 다리나 허리 냉증, 동상에도 효과가 좋다.
· 가미소요산 (加味逍遙散)	허약한 체질의 여성 중 어깨가 뭉쳐서 지치기 쉽고 정신 불안 등의 정신신경 증상이나 변비 기미가 있는 사람에게 적합하다. 손발이 차거나 허약체질, 월경 불순, 월경 곤란, 갱년기 장애, 혈도증의 증상을 가볍게 해준다.
· 귀비탕 (歸脾湯)	체력이 저하되어 혈색이 안 좋고 빈혈이 있으며 정신 불안이나 두근거림 등의 정신적인 증상을 호소할 때 사용한다. 하혈이나 토혈, 식은땀, 전신의 권태감, 식욕 부진에도 효과가 있다.
· 가미귀비탕 (加味歸脾湯)	귀비탕과 거의 같은 상태인 사람에게 처방한다. 쓸데없는 근심이 많아서 비장감이 감도는 사람에게도 적합하다.

04 하지 불안 증후군의 치료제

하지 불안 증후군은 생소한 질환일 수 있지만 일본에만 200~600만 명의 잠재 환자가 있다고 추정되는 수면장애 중 하나이다. 하지 불안 증후군에 대한 자세한 설명은 102페이지를 참조하기 바란다.

2004년에 하지 불안 증후군재단이 하지 불안 증후군 환자의 치료 흐름(알고리즘)을 발표해 현재는 일본을 비롯한 전 세계에서 표준적인 치료법에 따라 치료가 이루어지고 있다. 이 알고리즘에서는 하지 불안 증후군 치료를 약을 사용하지 않는 '비약물요법'과 약을 통한 '약물요법' 두 가지로 나눈다. 비약물요법으로는 하지 불안 증후군의 원인이 되는 질환을 발견해 치료하는 방법, 카페인·니코틴·알코올을 피하는 방법, 생활 습관을 고치거나 침실의 환경을 조절하는 방법, 적당한 운동으로 몸 상태를 관리하는 방법, 다리의 이상한 느낌에 너무 얽매이지 않고 주의를 돌리는 방법 등을 꼽는다. 약물요법은 효과와 부작용의 균형을 고려해 하지 불안 증후군의 중증도에 따른 시도가 이루어지고 있다.

하지 불안 증후군이란?

하지 불안 증후군의 치료에는 주로 도파민 작동제(도파민 전구물질과 도파민 수용체 작동약)와 항간질제, 벤조다이아제핀 계통 수면제, 마약 등 네 종류의 약이 사용된다. 치료의 중심이 되는 것은 도파민 작동제이므로 이에 관해서 설명하겠다.

영화배우 마이클 J 폭스와 복싱 전 세계 챔피언인 모하메드 알리도 싸우고 있는 파킨슨병은 뇌 속에서 도파민이라는 물질의 작용이 잘 이루어지지 않는 것이 원인이다. 파킨슨병의 치료에 도파민 작동제가 사용되지만 사실은 하지 불안 증후군에도 효과가 있는 것으로 알려져 있다.

파킨슨병 치료제인 프라미펙솔은 2006년 미국에서 하지 불안 증후군의 치료제로 인정받아 일본에서도 2010년 1월부터 사용할 수 있게 되었다. 바로 일본 베링거인겔하임사의 'BISifrol'이라는 약이다. 이 약은 2011년 봄 현재 일본에서 유일하게 하지 불안 증후군 적응증을 인정받은 약이다. 출시 전 조사에서는 자각 증상의 개선과 주기적인 다리 운동의 감소가 평균 7.8개월 지속되는 것으로 나타났다. 대규모 플라세보(약으로서 효과가 없는 가짜 약)와의 비교시험에서도 12주 만에 하지 불안 증후군의 증상이 눈에 띄게 개선되었다.

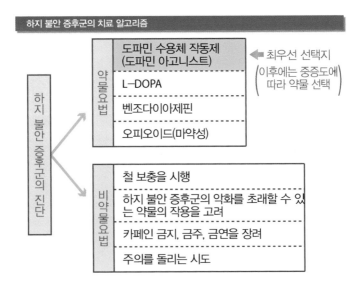

하지 불안 증후군의 치료 알고리즘

파킨슨병의 치료에 비교해 하지 불안 증후군 환자가 복용하는 프라미펙솔의 양은 몇 분의 1에 불과해서 메스꺼움이나 구토 등 부작용이 일어나기가 어렵고, 만약 부작용이 생기더라도 대부분 약의 양을 줄임으로써 해소된다. 단 다른 질병으로 인해 발병하는 이차성 하지 불안 증후군에서는 증상이 강해지거나 늘어나는 경우가 나타나기 쉬워서 6개월 이상 투여한 환자의 5~10%에서 이러한 현상을 볼 수 있다.

중증 환자 중에 도파민 작동제를 복용해도 증상을 조절할 수 없을 때는 항경련제로 전환하거나 벤조다이아제핀 계통의 수면제나 마약 혹은 항경련제를 추가한다. 하지만 이런 경우에는 좀처럼 치료가 어렵고, 환자도 의사도 고생하게 된다.

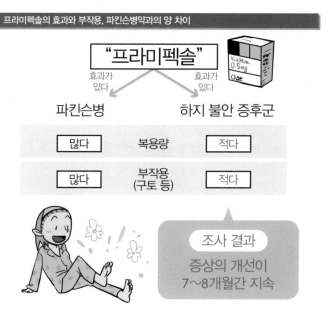

프라미펙솔의 효과와 부작용, 파킨슨병약과의 양 차이

"프라미펙솔"

효과가 있다 · 효과가 있다

파킨슨병 · 하지 불안 증후군

많다 · 복용량 · 적다

많다 · 부작용 (구토 등) · 적다

조사 결과
증상의 개선이
7~8개월간 지속

환자들이 모인 '하지 불안 증후군의 모임'은 2009년
회원들을 대상으로 설문조사

Q1. 몇 종류의 약을 처방받았는가?

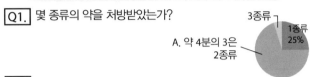

3종류

1종류
25%

A. 약 4분의 3은
2종류

Q2. 어떤 종류의 약인가?

A.항간질약

과거의 주류   49%

A.도파민 작동세

현재의 주류   78%

(이중 프라미펙솔 74%)

Q3. 치료에 만족하는가?

	처방전	만족도
치료 효과 ↑	도파민 작동제	70~90% ☺
	항간질약	65% ☺
	정신안정제나 수면제, 철	50% ☹

역시 약의 치료 효과와 만족도는
비례한다는 사실!

05 멜라토닌 수용체 작동제

 1958년 예일대학교의 피부과 의사 아론 러너가 소의 뇌 속 솔방울샘에서 멜라토닌을 발견해 올챙이 표피를 하얗게 만드는 성분이라고 발표했다. 피부의 미백작용을 기대하며 멜라토닌을 자원봉사자에게 주사하자 대부분이 잠들어 버리는 모습을 보고 멜라토닌의 최면 효과를 처음 깨닫게 되었다. 멜라토닌은 대부분 포유동물의 솔방울샘에 포함되어 있으며, 식물에는 쌀과 보리 등의 곡물이나 무순, 케일 등에도 많이 함유되어 있다.

 필수 아미노산인 트립토판에서 세로토닌이 만들어지며 세로토닌은 밤이 되면 멜라토닌으로 바뀐다. 인간을 비롯한 주행성 포유동물에서는 아침에 눈을 뜨고 처음 빛을 본 후 15~16시간 정도가 지나면 솔방울샘에서 멜라토닌의 생산 및 분비가 활발해진다. 멜라토닌의 작용으로 인해 손발에서 열이 발산되어 뇌 온도가 떨어지면서 1~2시간 안에 자연스러운 졸음이 생긴다. 밤에는 멜라토닌의 혈중농도가 높아지고 낮에는 떨어지는 리듬은 주행성 동물뿐만 아니라 야행성 동물에서도 볼 수 있다. 그러나 야행성 동물의 경우 멜라토닌이 증가해도 졸음은 발생하지 않는다.

 솔방울샘에서 멜라토닌의 생산이 증가하면 졸음이 더해져서 결국 잠들게 되지만 뇌 외과 수술로 솔방울샘을 모두 적출해도 수면이나 각성 장애는 일어나지 않는다. 체내에서 만들어내는 멜라토닌의 작용과 관련해서는 아직 불분명한 점이 남아있는데, 멜라토닌을 복용하면 수면이 발현된다는 점과 체내 시계의 시각이 변화하는 점('위상이 바뀐다'라고도 한다)은 확인되었다.

 졸음을 발생시키는 작용은 멜라토닌을 복용한 시각에 따라 그 효과의 강도가 달라진다. 저녁에 0.5mg씩 복용한 실험에서는 그 후 밤 수면에서 잠이 잘 오고 수면효율(실제로 잔 시간÷침실에 누워있던 시간)도 높아졌다. 한편 취침 전 멜라토닌을 마셔도 전혀 수면에 영향을 미치지 않았다는 연구 결과가 있다. 불면증 환자를 대상으로 진행한 실험에서는 75mg 이상 복용해야 자각적인 수면감이 개선되고 자각적인 전체 수면 시간도 길어졌다. 수면 폴리그래프 검사에서도 잠이 잘 오고 한밤중에 깨어나는 일이 줄어서 수면 효율이 개선된 사실을 확인했다. 이러한 점들로 미루어봤을 때, 저녁에는 약간의 멜라토닌으로 잠을 잘 잘 수 있을 것 같지만, 취침 전에 마셔도 효과가 일정하지 않을 가능성이 클 것으로 보인다.

체내 시계의 위상을 바꾸는 작용도 멜라토닌을 복용하는 시각에 따라 특징적인 작용을 한다. 오후부터 저녁 사이에 멜라토닌을 투여하면 수면 시간대가 빨라져 이른 시각에 졸리고 깨어나는 시각도 빨라진다. 한편 멜라토닌을 이른 아침부터 오전 사이에 복용하면 체내 시계의 위상이 후퇴해서 잠자기와 눈뜨기가 함께 늦어진다. 야간에 멜라토닌을 복용한 경우에는 수면 각성 리듬에 변화가 일어나지 않는다. 이러한 위상의 변동 작용은 수면 위

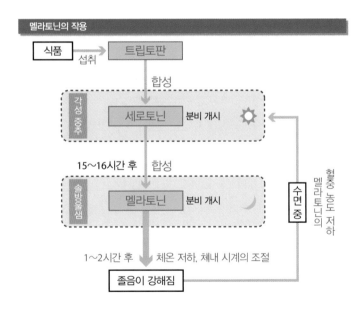

상 지연 증후군이나 시차 적응 치료에 응용되고 있다. 수면 위상 지연 증후군에서는 건강한 사람의 멜라토닌 반응을 참고해 자연스럽게 잠들 수 있는 시각으로부터 5~8시간 전에 1mg 미만의 멜라토닌을 복용하게 한다. 국제선 승무원은 수면제 사용이 금지되어 있어서 시차 문제의 해결을 위해 멜라토닌을 먹고 체내 시계를 조절하기도 한다.

멜라토닌과 매우 유사한 작용을 하는 화학물질로 다케다 약품 공업에서 연구 및 개발한 라멜테온이 있다. 2010년 4월부터 '로제렘'으로 일본에서도 출시되어 불면증을 위한 입면 곤란 개선제로 사용할 수 있게 되었다.

수면도입 효과와 안전성을 고려하면 경증~중등증 불면증 초기 치료에는 먼저 라멜테온을 복용하고, 효과가 미흡할 때는 벤조다이아제핀 계통 혹은 비벤조다이아제핀 계통 수면제로 전환하는 것이 좋을 듯하다. 고령자나 입원 환자의 불면증을 치료할 때 역시 어지럼증이나 넘어짐, 기억 장애 등 부작용이 적은 라멜테온을 먼저 투여해야 한다.

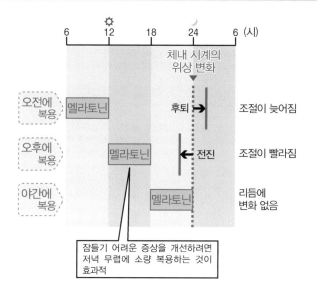

멜라토닌의 수면효과와 체내 시계의 위상 변화

6 12 18 24 6 (시)

체내 시계의
위상 변화

오전에
복용
멜라토닌 후퇴 → 조절이 늦어짐

오후에
복용
멜라토닌 ← 전진 조절이 빨라짐

야간에
복용
멜라토닌 리듬에
변화 없음

잠들기 어려운 증상을 개선하려면
저녁 무렵에 소량 복용하는 것이
효과적

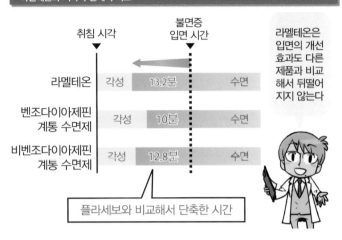

라멜테온과 기타 수면제의 비교

취침 시각 / 불면증 입면 시간

	각성	수면
라멜테온	13.2분	수면
벤조다이아제핀 계통 수면제	10분	수면
비벤조다이아제핀 계통 수면제	12.8분	수면

플라세보와 비교해서 단축한 시간

라멜테온은 입면의 개선 효과도 다른 제품과 비교해서 뒤떨어지지 않는다

수면 도입 효과와 안전성

약제	작용 부위	최면 작용	부작용	불면증의 유형	중증도	나이 등
벤조다이아제핀계 수면제	벤조다이아제핀 수용체, GABA 수용체	강함	있음	입면 장애, 중도 각성, 조조 각성	중증도~중증	다른 병이 없는 청년~장년층
라멜테온	멜라토닌 수용체	조금 약함	적음	입면 장애	경증~중증	고령자, 입원 환자

주요 참고 도서

堀 忠雄, 『快適睡眠のすすめ』岩波新書, 2000.

堀 忠雄・白川修一郎(監)/日本睡眠改善協議会(編),
『基礎講座 睡眠改善学』ゆまに書房, 2008.

粂 和彦, 『時間の分子生物学』講談社, 2003.

日本睡眠学会(編), 『睡眠学』朝倉書店, 2009.

堀 忠雄, 『睡眠心理学』北大路書房, 2008.

上里一郎(監)/白川修一郎(編), 『睡眠とメンタルヘルス』ゆまに書房, 2006.

高田公理(著・編)/重田眞義・堀 忠雄(編),
『睡眠文化を学ぶ人のために』世界思想社, 2008.

増刊号『臨床睡眠学 −睡眠障害の基礎と臨床−』日本臨牀社, 2008.

季刊『睡眠医療』ライフ・サイエンス.

참고 URL

日本睡眠学会サイト, http://jssr.jp/

オールアバウト 不眠・睡眠障害サイト, http://allabout.co.jp/r_health/gt/1842/

FUMINSHO NO KAGAKU

하루 한 권, 불면증

초판 인쇄 2023년 11월 30일
초판 발행 2023년 11월 30일

지은이 쓰보타 사토루
옮긴이 신해인
발행인 채종준

출판총괄 박능원
국제업무 채보라
책임편집 구현희 · 김민정
마케팅 안영은
전자책 정담자리

브랜드 드루
주소 경기도 파주시 회동길 230 (문발동)
투고문의 ksibook13@kstudy.com

발행처 한국학술정보(주)
출판신고 2003년 9월 25일 제 406-2003-000012호
인쇄 북토리

ISBN 979-11-6983-783-5 04400
      979-11-6983-178-9 (세트)

드루는 한국학술정보(주)의 지식 · 교양도서 출판 브랜드입니다.
세상의 모든 지식을 두루두루 모아 독자에게 내보인다는 뜻을 담았습니다.
지적인 호기심을 해결하고 생각에 깊이를 더할 수 있도록, 보다 가치 있는 책을 만들고자 합니다.